KB165209

세계사를 바꾼

17명의 의사들

세계사를 바꾼

17명의 의사들

장기이식부터 백신 개발까지
세상을 구한 놀라운 이야기

황건 지음

다른

들어가며

인류의 운명을 바꾼 의사들

2020년 8월 세계보건기구는 아프리카에서 소아마비가 완전히 퇴치되었다고 공식적으로 선언했다. 수십 년 전까지만 해도 소아마비가 아이를 키우는 부모에게 공포의 대상이었다는 것을 생각하면, 이는 인류가 이룬 또 하나의 역사적인 성취다.

소아마비뿐만이 아니다. 천연두는 한때 전쟁보다도 무서운 존재였으나, 이제는 환자를 찾을 수 없는 병이 되었다. 이렇게 인류는 과거에는 절대 치료할 수 없을 거라 여긴 질병을 하나하나 정복하고 있다. 이는 미지의 질병과 그 질병의 치료법을 끈기 있게 연구한 의사들이 있었기에 가능한 일이다.

나는 40년 가까이 의료 현장에서 환자를 진료하고 있으며, 의과대학 교수로서 학생들에게 강의하고 있다. 강의실에서 반짝이는 학생들의 눈동자를 보면서, 늘 이들을 '좋은 의사'로 만들고 싶다는 생각을 한다.

좋은 의사가 되려면 어떤 자질이 필요할까? 의사에게는 의학 지식이나 수술 실력만 필요한 것이 아니다. 좋은 의사는 올바른 직업관과 환자를 대하는 진실한 마음가짐, 열정적인 실험 정신과 끈기가 톱니바퀴처럼 물려서 완성된다. 이는 인류 역사에서 위대한 성취를 이룬 의사들의 공통점이기도 하다. 이 책은 바로 그런 의사들의 삶과 업적을 조명한다. 의학 역사에 굵직한 발자취를 남긴 17명의 의학자를 주요 진료 과목별로 소개한다.

이 책에 나오는 의사들은 흉부외과, 내과, 응급의학과, 신경외과 등 연구한 분야가 저마다 다르며 살던 시대도 제각각이다. 삶의 궤적도 다양하다. 공로를 인정받아 명예와 돈을 모두 쟁취한 이들도 있으며, 그러지 못한 이들도 있다. 또한 훌륭한 학문적 업적만큼 훌륭한 인품의 소유자도 있지만 잘못된 행위를 한 이들도 있다. 그러나 한 가지 공통점은 분명하다. 그 시대에 '꼭 필요한 일'을 해냈다는 것이다. 이들은 모두 정체가 밝혀지지 않은 병과 바이러스, 수술법의 한계 등 풀리지 않는 문제에 호기심을 품고 과감하게 접근했다. 풍부한 상상력을 발휘해 남들과 다른 자신만의 가설을 세우고 그 가설이 옳다는 것을 밝히기 위해 실험에 몰두했다. 선배 연구자들의 연구 결과를 끈기 있게 검토하고, 스승과 선배, 동료에게 질문하는 것도 주저하지 않았다. 수많은 시행착오를 겪으면서도 연구와 실험을 포기하지 않았으며, 마침내 난관을 극복하고 의미 있는 발견을 해냈다.

나는 이들의 치열한 노력과 연구 과정, 삶과 업적에 대해 강의실에서 흥미진진한 이야기를 들려주듯이 쓰고자 했다. 여기에 의사로서의 지난 경험을 떠올리며 위대한 의사들에 대한 내 나름의 생각까지 덧붙였다.

이 책은 처음부터 읽어 나가도 되지만, 관심 있는 진료과목에 따라 순서를 바꾸어 읽어도 좋다. 과거로 돌아갈 수 있다면 가장 먼저 만나 보고 싶은 의사부터 찾아봐도 좋다.

전 세계에 퍼진 코로나19 감염병으로 우리 사회에서 의사의 역할은 더욱 중요해졌다. 인류에 기여한 의사들의 이야기를 다루는 이 책은 의사, 간호사 등 의료인이 되려는 청소년뿐 아니라, 의학과 관련된 생명과학이나 의공학에 관심 있는 이들에게 유익할 것이다.

미래에 의사가 되길 꿈꾸는 독자가 이 책을 읽으며 의학의 중요한 개념과 역사를 쉽게 이해할 수 있기를 바란다. 이 책을 읽다가 가슴이 뛴다면, 미래 의학 분야의 연구자로 이미 합당한 자질을 가지고 있다고 말하고 싶다. 훗날 이 책에서 소개하는 의사들처럼 의학 분야를 이끌고 세상을 구할 주인공이 독자들 중에 있기를 소망한다.

이 책의 원고를 읽고 조언을 아끼지 않은 김애양 한국의사수필가협회 회장과, 사진 자료를 찾아 집필에 도움을 준 인하대학교 의과대학 김훈 박사에게 감사 인사를 전한다.

차례

흉부외과

1

최초로 심장이식에 성공하다

크리스티안 바너드

크리스티안 바너드

Christiaan Barnard

1922-2001

세계 최초로 심장이식 수술에 성공한

남아프리카공화국의 외과 의사.

1967년 12월 55세의 남성 환자에게 심장을 이식했다.

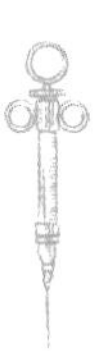

영화 〈어웨이크〉에서 미국 뉴욕의 젊은 백만장자 클레이는 심장을 이식받아야만 살 수 있다. 클레이는 하루하루 목숨을 위태롭게 이어 가던 중에 아름다운 비서 샘과 사랑에 빠진다. 그는 결혼을 반대하는 어머니 몰래 샘과 결혼식을 치르고, 그날 저녁 흉부외과 의사인 친구에게 심장이식 수술을 받는다. 그런데 수술 도중 마취가 풀려 의식이 깨는 바람에 고통을 겪고 충격적인 음모에 대해 듣게 된다.

클레이는 대체 얼마나 심각한 병이 있어서 심장이식을 받아야만 했을까? 심장이식은 환자가 아무리 치료를 받더라도 몇 달밖에 살 수 없을 정도로 심장이 매우 약해졌을 때 이루어진다. 주로 심장 주변의 동맥이 여러 개 막혀 있거나, 심장 근육이 점점 기능을 잃어 심장이 잘 뛰지 못하는 환자들이 심장이식을 한다.

그렇다면 심장이식은 언제부터 가능해졌을까? 누군가의 건강한 심장을 환자 몸에 옮기는 일을 가장 처음 해낸 의사는 과연 누구일까?

심장을 살리기 위해서는 심장을 멈춰야 한다

오늘날 대형병원에서 진행하는 심장이식은 무수한 실험과 연구가 꾸준히 축적된 후에야 비로소 가능해진 수술이다. 외과 의사들은 20세기 초부터 동물실험을 통해 여러 가지 심장 수술을 연구했다. 여기에 면역학과 약물학의 발전도 수술 방법을 개발하는 데 중요한 토대가 되었다.

심장 수술을 하려면 반드시 필요한 과정이 있다. 심장은 온몸에 혈액을 공급하는 기관으로, 심장이 뛰지 않으면 인간은 살 수 없다. 그런데 심장이식을 하려면 뛰는 심장을 잠시 멈춰야 한다. 그리고 수술하는 동안 환자의 생명을 유지시키기 위해 심장을 통하지 않고서도 몸에 혈액을 공급할 수 있어야 한다.

심장을 인위적으로 멈춘 상태에서 수술에 성공한 의사는 1950년대에 처음으로 나타났다. 존 기번 주니어(John Gibbon Jr.)라는 미국의 외과 의사는 1952년 심장의 기능을 대신하는 심폐기를 이용해 생후 15개월 된 아기의 심장을 수술했다. 심장에 구멍이 뚫려 있던 아기는 안타깝게도 수술 도중 사망했지만, 그는 여기에서 좌절하지 않았다. 1년 뒤인 1953년에는 심폐기로 환자의 생명을 27분 동안 유지하며 심장병을 치료하는 데 성공했다. 그의 성공으로 흉부외과 의사들은 심장이식을 실현하는 데 한 걸음 더 다가갔다.

그렇다면 '최초'로 심장이식에 성공했다는 영예를 거머쥔 의사는 누구일까?

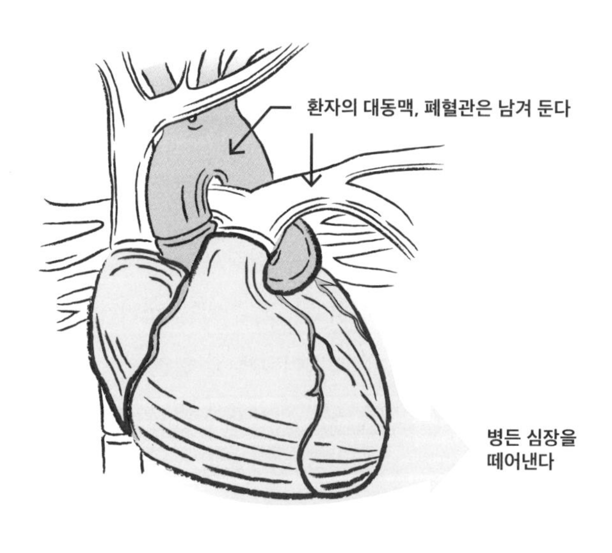

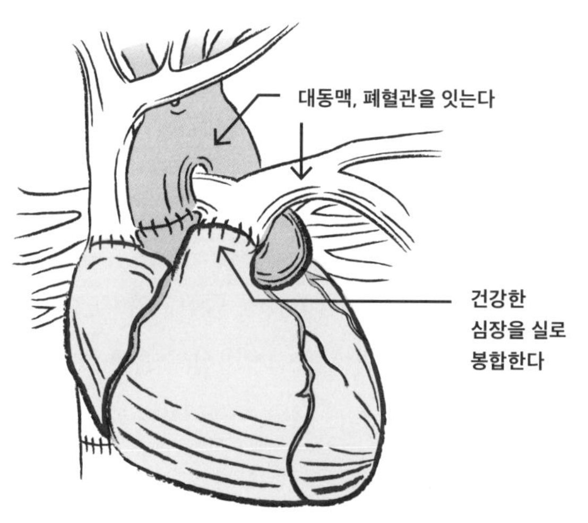

심장이식은 먼저 환자에게서 병든 심장을 떼어 낸 다음(위쪽)
건강한 심장을 옮겨 봉합하는 과정을 거친다(아래쪽). 이때 심장을 잠시 멈춰야 한다.

최초의 심장이식 수술에 성공하다

1960년에는 스탠퍼드대학교의 의사 리처드 로워(Richard Lower)와 노먼 셤웨이(Norman Shumway)가 세계에서 처음으로 개의 심장이식에 성공했다. 이식한 개의 심장은 심장으로 가는 신경들이 온전하지 않았는데도 잘 뛰었다. 그러나 몇 주 후에는 개의 몸에서 이식받은 심장을 거부하는 반응이 일어났다. 어떻게 된 일일까?

우리 몸의 면역체계는 유전자가 다른 조직이 몸속에 들어오면 침입자로 인식하고 **거부반응**을 일으킨다. 원칙적으로는 유전자가 같은 일란성 쌍둥이끼리만 심장이식을 할 수 있는 셈이다. 그래서 이식한 심장이 기능을 잃지 않게 하려면 우리 몸의 면역력을 억누르는 약물인 **면역억제제**가 꼭 필요하다. 로워와 셤웨이도 거부반응을 줄이기 위해 면역억제제 연구를 계속했다. 셤웨이는 면역억제제를 투여하고 심장이식을 한 개가 1년 동안이나 생존하자 자신감이 생겼다. 사람의 심장이식도 앞으로 얼마든지 가능하다고 확신했다.

그런데 뜻밖의 일이 터졌다. 남아프리카공화국의 의사 크리스티안 바너드가 1967년 사람에게 심장이식 수술을 해 성공한 것이다. 바너드는 가난한 목사의 아들로 태어나 케이프타운대학교 의대를 졸업하고 미국 미네소타대학교에서 박사학위를 받은 외과 의사였다. 그는 미국에서 여러 동물실험에 참여하면서 심장이식을 공부했다. 1964년부터는 남아프리카공화국에서 직접 수술 팀을 만들어 몇 년 동안 동물 심장이식을 하며 연구를 거듭했다. 최초의 심장이식 성공은 수년에 걸친 노력의 결

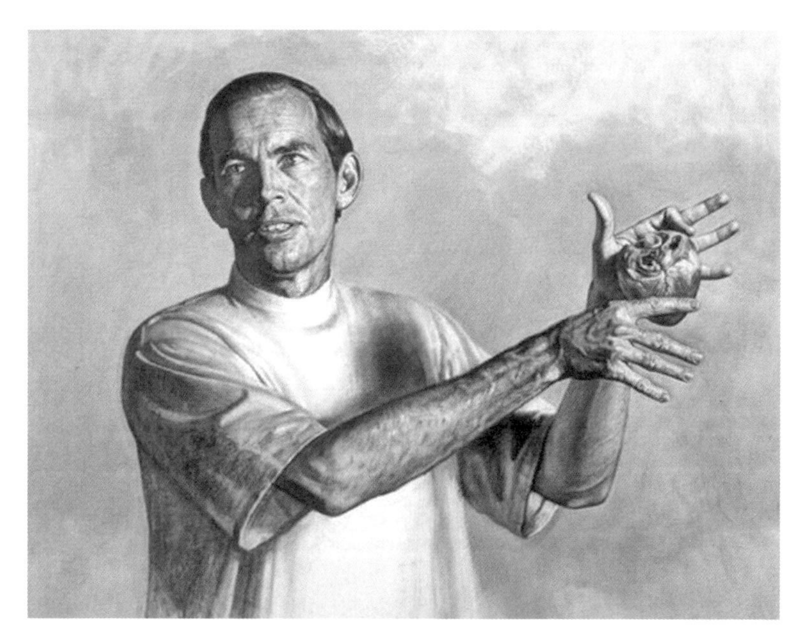

크리스티안 바너드는 세계 최초로 심장이식 수술에 성공했다.

과였다.

바너드는 1967년에 당뇨병과 관상동맥질환 등의 병세가 너무 나빠져 죽음을 기다리고 있는 55세 남자에게 심장이식 수술을 하겠다고 마음먹고 기증자를 초조하게 기다렸다. 그해 12월에 한 24세 여성이 교통사고로 뇌사 상태에 빠졌다. 가족이 장기기증에 동의하자 바너드는 즉시 수술에 돌입했다. 심장을 이식받은 환자는 2일 만에 식사를 하고 10일째에는 걸을 정도로 몸이 회복되었다. 그러나 이번에도 신체 조직이 타인의 조직을 거부하는 부작용을 극복하지는 못했다. 환자는 폐렴을 앓다가 18일 만에 죽음을 맞았다. 수술을 받지 않았더라도 살 수 있는 시간이었다. 바너드는 심장이식에는 성공했으나 환자의 수명 연장에는 도움을 주지 못했다는 아쉽고 슬픈 결과를 받아들여야만 했다.

그럼에도 세계 최초의 심장이식에 전 세계는 열광했다. "토요일에는 남아프리카의 이름 없는 외과 의사였지만, 월요일에는 세계적으로 유명해져 있었다." 자신의 말처럼 그는 유명인사가 되었다. 미국 전역에 방송되는 TV 프로그램에 출연하고 세계적인 주간지 〈타임〉의 표지를 장식했으며, 미국의 린든 존슨 대통령을 만나는 영광을 얻기도 했다. 첫 수술이 끝나고 한 달 후인 1968년 1월 2일, 바너드는 58세의 치과 의사에게 한 두 번째 심장이식 수술을 성공적으로 마쳤다. 이번에는 환자가 18개월 동안 생존하는 놀라운 성과를 거두었다.

불완전한 수술이 유행하다

바너드가 세계 언론의 화려한 주목을 받자 그동안 어떤 의사보다도 앞서 있다고 자신한 셤웨이와 로워는 큰 충격에 빠졌다. 그들은 분명 심장이식 분야에서 바너드보다 앞서 의미 있는 성과를 거둔 의사들이었다. 동물실험에 성공해 인간을 대상으로 한 심장이식이 성공할 수 있는 가능성에 먼저 불을 지폈다. 그런데도 최초가 되지 못한 이유는 무엇일까?

남아프리카공화국과 달리 당시 미국에서는 뇌사에 대한 기준이 명확하게 정해지지 않아 심장 기증자를 빨리 찾을 수 없었다. 심장이식은 다른 장기이식 수술과는 달리 기증자의 뇌사가 인정되어야만 할 수 있다. 살아 있는 심장을 떼어 내야 하므로, 심장은 뛰고 있지만 뇌의 기능이 완전히 멎은 상태여야만 한다.

의사들에게는 여전히 해결하지 못한 문제가 남아 있었다. 환자의 몸에 나타나는 거부반응을 없앨 방법이 제대로 마련되지 못하고 있었다. 셤웨이와 로워는 바너드의 수술 소식에 흥분한 전 세계의 흉부외과 의사들이 자신들도 명성을 얻기 위해 심장이식을 마구잡이로 시도하지는 않을까 큰 우려를 표하기도 했다. 그리고 우려는 현실이 되었다. 미국 브루클린의 한 외과 의사는 바너드의 수술 성공 소식이 보도되고 단 사흘 뒤에 17세 소년에게 심장이식을 강행했다. 제대로 된 수술을 받지 못한 환자는 몇 시간밖에 살지 못했다.

바너드의 성공에 압박감을 느낀 셤웨이도 결국 1968년에 심장이식을 시도했다. 환자는 단 15일을 살았을 뿐이었다. 같은 해에 로워도 심장이식을 시도했으나 환자는 겨우 6일을 살았다. 이런 식으로 1968년에는 미국을 비롯한 전 세계에서 봇물 터지듯 불완전한 심장이식이 유행했다. 물론 바너드가 두 번째 수술에서 환자를 18개월 동안 생존시키는 데 성공해 심장병 환자들에게 새로운 희망을 안겨 주었다. 하지만 이 시기에 수술받은 환자 대부분은 몇 주에서 몇 달 동안밖에 살지 못했다.

1969년에 이르자 심장이식에 대한 열기가 싸늘하게 식었다. 면역체계의 거부반응을 해결하지 못해 생존율이 좀처럼 높아지지 않았기 때문이다. 환자 가족들의 소송도 빗발쳤다. 효과적인 면역억제제를 개

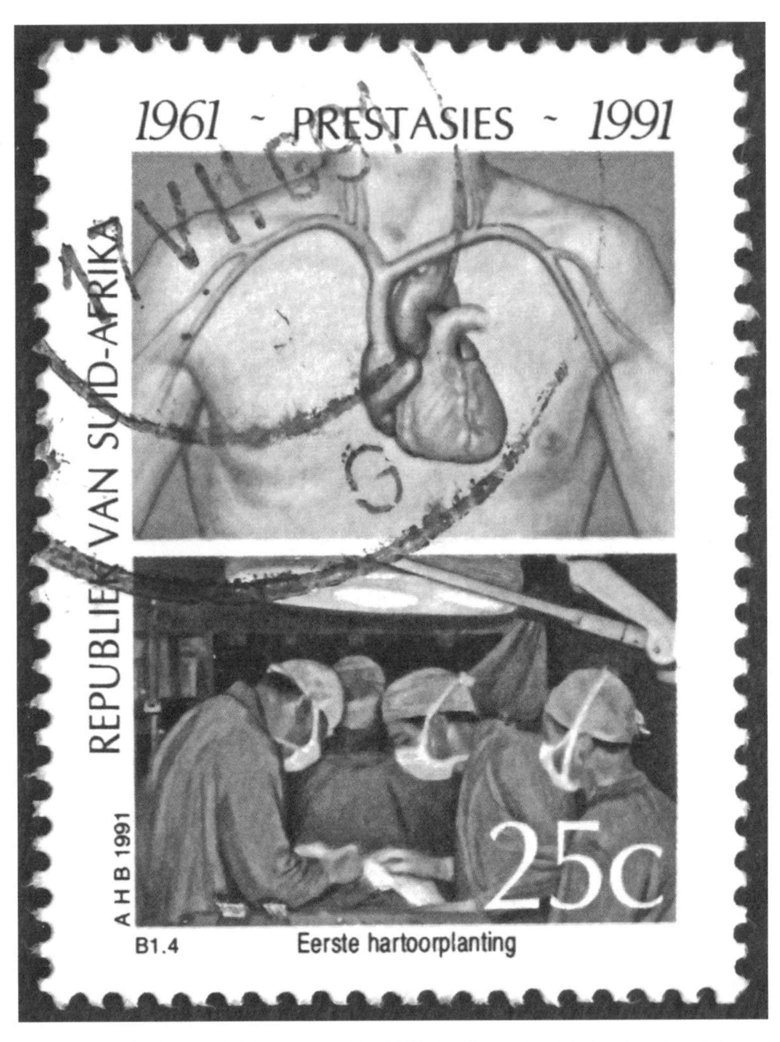

바너드의 첫 심장이식 성공을 기념하기 위해 남아프리카공화국에서 만든 우표.

발하지 않는 한 절대 생존율을 높일 수 없었다. 이러한 상황은 1970년대에도 계속 이어졌다. 면역억제제의 부작용이 너무 심해서 수술을 받은 다음 1년 이상 생존하는 환자가 매우 드물었다. 그러다가 1983년에 이르러서야 효과가 뛰어나고 부작용이 적은 면역억제제 '사이클로스포린'이 미국식품의약국의 승인을 받아 공식적으로 판매되었다.

사이클로스포린과 더불어 장기이식 분야의 발전이 계속 이루어져 이제 심장이식 환자의 1년 생존율은 90퍼센트가 넘고, 5년 생존율도 75퍼센트를 넘는다.

숨은 조력자, 해밀턴 나키

바너드가 언론의 각광을 받을 때 그의 곁에는 한 흑인이 조용히 함께 자리하곤 했다. 그의 이름은 해밀턴 나키(Hamilton Naki)였으며 케이프타운대학교의 정원사였다.

겨우 초등학교만 졸업한 나키는 14세에 남아프리카공화국의 수도에 자리한 대학교에 정원사 보조로 취직해 잔디를 깎고 화단을 관리했다. 그러다가 실험용 동물 우리를 청소하고 동물들의 체중을 재는 일도 맡았다. 점차 경험이 쌓이자 실험용 동물에 주사를 놓거나 수술 전에 동물의 털을 깎는 일까지 하게 되었다. 손재주가 있던 그는 절개, 봉합 등의 동물 수술에 탁월한 재능을 보였다.

바너드는 나키를 눈여겨보다가 자신이 만든 수술 팀에 참여시켰다. 바너드가 첫 심장이식을 할 때 나키는 기증자의 심장을 떼어 내고 봉합하는 모든 과정에 참여한 핵심 팀원이었다. 그런데 1960년대는 남아프리카공화국에서 흑인이 매우 차별받고 홀대 당하던 시절이었다. 인종차별법이 존재하는 상황에서, 흑인이 백인 몸속의 장기를 다루고 백인을 살리는 수술에 참여했다는 사실은 결코 알려져서는 안 되었다. 그래서 바너드가 전 세계의 주목을 받는 동안 나키는 늘 대학교의 정원사로만 소개되었다. 그러는 동안에도 그는 뛰어난 연구원으로서 의대생들에게 돼지의 간을 이식하는 수술을 가르쳤다.

그가 백인이었다면 의대에서 정규 교육을 받고 매우 훌륭한 외과의사가 되었을지도 모른다. 교육도 제대로 받지 못한 흑인이 세계 최초의 심장이식 수술에 참여했다는 사실은 남아프리카공화국에서 인종차별법안이 사라지고 난 뒤에야 알려졌다. 2003년 케이프타운대학교는 나키에게 명예의학석사 학위를 수여했다. 그리고 공식 홈페이지에 175년의 대학교 역사 사상 가장 길이 남을 인물로 바너드와 함께 나란히 소개했다. 2005년 5월 나키가 사망하자 영연방 국가의 일간지들은 그의 죽음을 일제히 추모했다.

화려한 조명을 받지는 못했지만 보이지 않는 곳에서 자신의 역할을 훌륭하게 수행한 나키는 중요한 교훈 한 가지를 알려 준다. 의학뿐만 아니라 모든 일이 그렇다. 여울목에 징검다리를 하나 더 놓는 마음으로 묵묵히 자신의 길을 걸어가다 보면 언젠가 누군가는 건너편 언덕에 다다를 수 있다는 것이다.

한 걸음 더

헬기까지 동원되는 심장이식 수술

바너드의 연구를 밑바탕으로 오늘날 흉부외과에서는 심장이식 수술이 가능해졌다. 그렇다면 요즘 병원에서는 어떤 과정으로 이식수술을 할까?

심장 기증자를 찾는 일은 어렵다. 기증자가 환자와 같은 병원에 있는 경우는 가뭄에 콩 나는 것보다 더 드물다. 대부분의 심장이식 수술은 멀리 떨어진 지방병원에서 뇌사 판정을 받은 기증자의 심장을 옮겨 와 진행된다.

또한 심장은 다른 장기보다 떼어 내기가 까다롭다. 인체에 산소와 영양분을 공급하는 역할을 하므로 간, 신장, 췌장, 각막 등의 다른 기관보다 먼저 떼어 내면 안 된다. 그래서 다른 장기를 주변 조직과 어느 정도 분리할 때까지 기다렸다가 맨 마지막에 떼어 낸다. 이식할 심장은 깨끗하게 씻어 보관액과 함께 아이스박스에 넣어 오염을 막는다. 구급차는 이 박스를 싣고 환자가 있는 병원으로 총알처럼 달려간다. 1분 1초를 아껴 신속하게 옮겨야 하기에 먼 거리를 이동할 때는 비행기나 헬기까지도 동원한다.

심장을 기증받을 환자가 있는 병원의 흉부외과 의사는 모두가 쿨쿨 자고 있는 한밤중이라도 수술을 준비하고 심장이 도착할 때까지 기다린다. 그리고 심장을 받으면 바로 수술에 들어간다. 환자에게 새롭게 연결한 심장에 피가 흐르고, 멈춰 있던 심장이 뛰면 심전도에서 삑삑 소리가 난다. 의사는 그 소리를 들어야 비로소 수술 장갑을 벗는다. 환자가 중환자실로 옮겨진 뒤에도 의사들은 밤새 수술 경과를 지켜본다.

성형외과

2

전쟁터에서 성형수술의 기초를 만들다

길리스와 매킨도

해럴드 길리스

Harold Gillies

1882 -1960

오늘날 '성형외과의 아버지'로 부르는 의사. 제1차 세계대전 때 얼굴에 심각한 부상을 입은 군인을 5,000명 이상 수술했다.

아치볼드 매킨도

Archibald McIndoe

1900-1960

영국에서 활동한 성형외과 의사. 제2차 세계대전 때 영국군으로 복무하며 현대 화상 치료의 기반을 마련했다.

바바리코트는 가을을 상징하는 옷이다. 가을과 닮은 연한 갈색 코트에서는 낭만적이면서도 고급스러운 분위기가 물씬 풍긴다. 그런데 이 바바리코트는 전쟁 때 군인들이 입은 트렌치코트에서 비롯되었다. '트렌치(trench)'란 '참호'를 이르는 영어 단어로, 참호는 전투에서 몸을 숨기기 위해 아군의 방어선을 따라 만든 구덩이다. 트렌치코트는 원래 1914년부터 1918년까지 이어진 제1차 세계대전 당시 영국군이 참호에서 비를 피하기 위해 입은 야전복이었다.

제1차 세계대전 때 군의관(군대에서 일하는 의사)들은 부상을 입고 돌아온 군인들에게서 한 가지 공통점을 발견하고 깜짝 놀랐다. 몸은 멀쩡한데 얼굴이나 머리를 크게 다친 군인이 많았다. 원인은 잦은 참호전이었다. 각 부대는 서로 진지를 빼앗기지 않기 위해 참호 속에 숨어 기관총을 쏘는 전투를 자주 벌였다. 머리만 내놓은 채 진지를 방어하다가 주로 얼굴에 부상을 입었다.

제1차 세계대전에서 군인들은 움푹 파인 참호에서 전투를 벌이다가 얼굴에 부상을 입었다.

참전용사의 존엄성을 되찾아 준 길리스

군의관들은 큰 고민에 빠졌다. 어떻게 하면 군인들의 얼굴을 예전 모습으로 되돌릴 수 있을까? 군인들의 다친 얼굴을 재건하는 데 누구보다도 앞장선 의사가 있다. 바로 오늘날 '성형외과의 아버지'로 부르는 해럴드 길리스다. 그는 원래 뉴질랜드에서 태어나 영국에서 의대를 졸업한 이비인후과 의사였다. 그런데 프랑스에서 일하다가 치과 의사 샤를 발라디에(Charles Valadier)를 만나 뼈 이식을 비롯해 부서진 턱을 치료하는 방법을 배웠다.

길리스는 나라를 위해 용감하게 싸운 군인들이 좌절하고 있다는 사실을 알게 되었다. 얼굴을 다친 군인들은 간신히 목숨을 건져 고향에 돌아와서도 힘든 나날을 보냈다. 처참하게 변한 외모에 사람들이 보낼 시선이 두려워 집밖으로 나오지 못했다. 고민 끝에 길리스는 참전용사들이 자존감을 회복할 수 있도록 적극적으로 돕기로 마음먹었다.

그는 자신이 근무하던 영국 케임브리지 군병원에 돌아와서 얼굴과 턱 수술을 전문으로 하는 병동을 만들었다. 그리고 특수한 치료가 필요한 환자임을 표시하는 스티커를 만들어 군의관들에게 전달했다. 얼굴에 심한 총상을 입은 환자가 나타나면 스티커를 환자의 기록에 붙여 자신에게 보내달라고 했다. 이 스티커는 군의관들에게 큰 희소식이었다. 군의관들은 얼굴을 너무 심하게 다쳐 치료하기 난감한 환자들을 길리스에게 보냈다.

길리스는 총에 맞아 눈도 제대로 감을 수 없을 정도로 일그러진 군인들의 얼굴을 **재건수술**로 거뜬하게 고쳤다. 재건수술이란 어떤 사고나 질환으로 형태가 변한 부위를 교정하는 수술을 뜻한다. 그 방법으로는 주로 **피부이식**을 동원했다. 상처를 입지 않은 깨끗한 피부를 다친 부위에 이식하는 방법이었다. 그는 1917년부터 1925년까지 무려 5,000명 이상의 군인을 치료했다. 수술 횟수도 1만 1,000건이 훌쩍 넘었다. 길리스는 환자들에 대해 자세히 기록하는 것은 물론 화가 헨리 통크스(Henry Tonks)와 달 린지(Daryl Lindsay)에게 환자의 상태를 그림으로 자세히 묘사하게 했다. 이렇게 만든 풍부한 자료는 성형외과의 발전에 엄청난 토대가 되었다. 또한 구순열(태어났을 때부터 윗입술이나 입천장이 갈라져 있는 기형)과 같은 선천적인 기형을 치료하는 데도 활용되었다. 오늘날 성형수술의 기본 원칙은 대부분 제1차 세계대전과 제2차 세계대전 무렵에 만들어진 것이다. 역설적으로 말하면 전쟁이 성형의학을 꽃피웠다.

성형수술을 하는 목적을 단지 아름다워지기 위해서라고 생각하는 사람이 많다. 하지만 이러한 고정관념과는 달리 성형의학에는 아름다움을 추구하기 이전에 환자의 '인간다움'을 되찾아 준다는 중요한 목표가 있다. 삶을 포기할 만큼 큰 고통에 시달리던 군인들은 길리스의 수술로 몸과 마음을 회복하고 사회에 복귀할 수 있었다. 길리스는 전쟁에서 부상당한 이들을 빠르게 회복시키는 것뿐만 아니라, 전쟁 뒤에 새로운 삶을 살 수 있게 돕는 역할까지 해낸 셈이다.

길리스는 노년에도 계속 환자들을 치료했으며, 죽는 순간까지도 수술을 했다. 그는 78세 때 18세 소녀의 다친 다리를 수술하다가 뇌졸중으로 쓰러져 한 달 뒤에 세상을 떠났다.

화상 환자의 마음을 어루만진 매킨도

길리스가 제1차 세계대전 때 활약한 의사라면, 아치볼드 매킨도는 제2차 세계대전에서 커다란 역할을 해낸 의사다. 길리스와는 사촌 지간이기도 했다.

제2차 세계대전 때는 잦은 비행기 공습으로 화상 환자가 많았다.

매킨도도 길리스처럼 뉴질랜드에서 태어났다. 의대를 졸업하고 30세에 영국으로 가서 직장을 구하다가 사촌인 길리스가 개업한 병원에 합류했다. 제2차 세계대전이 일어나자 영국군으로 복무하며 퀸 빅토리아 병원에서 전쟁으로 화상을 입은 환자, 눈꺼풀을 잃은 환자 들을 치료했다.

그전과는 달리 제2차 세계대전 때는 화상 환자가 매우 많았다. 비행기를 이용한 공습이 자주 벌어졌기 때문이다. 추락하는 비행기에서 나오는 불길에 싸여 화상을 입는 조종사와 민간인이 많았다. 제1차 세계대전 때 얼굴을 다친 군인들처럼, 화상을 입은 환자들은 마음에 큰 상처를 입었다. 끔찍한 화상 흉터는 예전과 같은 삶을 살 수 없다는 엄청난 좌절감을 주었다. 매킨도는 화상을 효과적으로 치료해 그들의 마음을 어루만질 방법을 고심했다.

당시에는 탄닌산이라는 물질이 화상 치료에 주로 사용되고 있었다. 탄닌산을 바른 부위는 건조해지면서 죽은 피부가 떨어져 나간다. 항생제가 발달하기 전에는 이런 방법으로 감염을 줄이고 사망률을 낮출 수 있었다. 그러나 심각한 부작용이 있었다. 환자가 매우 심한 통증을 호소했고 화상이 낫고도 심한 흉터가 남았다.

더 나은 치료법을 찾던 매킨도는 바다로 추락한 조종사들이 다른 이들보다 흉터가 더 적은 것에 주목했다. 그리고 바닷물에 염분이 있다는 사실에서 영감을 얻어 화상 환자를 생리식염수로 목욕시키는 방식을 개발했다. 이것은 탄닌산을 이용한 방법보다 훨씬 편안하고도 안전했다. 치료 기간이 짧아지고 환자의 생존율은 높아졌다. 그는 넓은 부위의 화상은 피부이식을 병행해 치료했다. 600명이 넘는 화상 환자들이 매킨도의 손을 거쳐 삶에 대한 열정을 다시 회복했다. 이렇게 매킨도는 현대 화상 치료의 기틀을 마련했다.

그 어떤 상황에서도 환자가 최우선이다

영국 런던의 트라팔가 광장 근처에는 국립초상화미술관이 있다. 의사들의 업적을 기리는 공간도 특별히 마련되어 있는데, 여기에는 길리스

영국 웨스트그린스테드에 있는 매킨도의 동상.
매킨도는 현대 화상 치료의 기틀을 마련했다.

와 매킨도의 초상화도 있다. 그들은 인류 역사상 가장 큰 규모의 전쟁이 라고 할 수 있는 제1차, 제2차 세계대전의 참전용사들을 앞장서 치료했다는 점에서 공통점이 있다. 더 나아가 군인들에게 인간으로서의 자존감과 자부심을 되찾아 주었다는 공로도 있다. 그런 업적을 인정받아 종두법을 만든 에드워드 제너(Edward Jenner)나 살균소독법을 처음으로 도입한 조지프 리스터(Joseph Lister) 같은 위대한 의사들과 전시실에서 어깨를 나란히 하고 있다.

매킨도가 쓴 논문에는 감동적인 구절이 하나 있다. "가장 중요한 사람은 처음에도, 마지막에도, 언제나 환자라는 것을 명심해야 한다." 환자에 대한 그의 따뜻한 마음이 느껴진다.

한 걸음 더

흉터를 완벽하게 없앨 수 있을까?

성형외과 의사인 나에게 얼굴이나 몸의 흉터를 없애 달라고 오는 사람이 많다. "어떻게 오셨어요?" 하고 물으면 "흉터를 없애려고 왔어요"라고 답하며 "이 흉터를 깨끗하게 지울 수 있을까요?"라고 질문한다.

나는 대답한다. "무슨 방법을 쓰든, 몇 번을 수술하든 흉터를 완전히 없앨 수 있는 방법은 없습니다. 흉터를 가늘게, 눈에 덜 띄게 만들 수 있을 뿐입니다."

흉터를 희미하게 만드는 원리는 무엇일까? 우리 몸, 특히 얼굴에는 피부주름선이 있다. 얼굴을 찌푸리거나 나이가 들면 주름이 생기는데 이 주름을 만드는 선들이다. 성형외과에서는 피부주름선과 다른 방향으로 생긴 흉터를 본래의 선에 가까이 가도록 방향을 바꾸고, 긴 흉터를 여러 개의 짧은 흉터로 나누는 방법을 사용한다.

이식외과

3

장기이식의 첫걸음을 떼다

알렉시 카렐

알렉시 카렐

Alexis Carrel

1873-1944

잘린 혈관을 부작용 없이 연결하는 방법을 개발해
1912년 노벨생리의학상을 받은 프랑스의 의사.
혈관을 정삼각형으로 만들어 꿰매는 '삼각봉합법'으로
장기이식이 가능하게 했다.

중국의 성인인 공자에 대한 유명한 일화가 있다. 공자가 중국 광동 지방에 들렀을 때 일이다. 어떤 사람이 구멍이 아홉 번 꺾인 구슬을 가져왔다. 그는 공자에게 이 구슬에 실을 꿰어 보라고 하며 공자를 시험했다. 공자는 학식으로는 당대에 따를 자가 없는 사람이었지만, 아무리 궁리를 해도 구슬을 꿸 수 없었다. 그러다가 뽕나무밭에서 뽕을 따는 여인에게 지혜를 구했다. 여인의 조언에 따라 공자는 구슬의 한쪽 구멍에 꿀을 바르고, 반대쪽 구멍으로 허리에 실을 묶은 개미를 집어넣었다. 그러자 꿀 냄새를 맡은 개미가 굽이굽이 구멍을 돌아 꿀을 바른 입구로 나와 실을 관통했다. 이 이야기는 아무리 뛰어난 지식을 갖춘 학자라도 평범한 사람에게서 지혜를 배울 수 있다는 것을 알려 준다.

의학계에서도 자수를 잘 놓는 아주머니에게 바느질 방법을 배워서 노벨상을 받은 사람이 있다. 바로 프랑스의 외과 의사 알렉시 카렐이다.

혈관을 이어야 조직이 살 수 있다

우리가 몸을 움직이려면 신체 기관을 구성하는 세포들이 피를 통해 영양분을 얻어야 한다. 그런데 만약 다리의 아랫부분을 밴드로 세게 묶어 피가 통하지 않게 하면 어떻게 될까? 우선 다리가 저릴 것이다. 그리고 시간이 지날수록 상태는 점점 더 심각해질 것이다. 밴드로 감아 놓은 부분은 피가 흐르지 못해 피부색이 퍼렇게 변하고 온도가 떨어지며 결국에는 살이 썩어 들어갈 것이다. 이렇게 오랫동안 혈액순환이 되지 않으면 살은 아예 **괴사**해 버리고 만다. 괴사란 세포가 죽는 현상을 뜻한다. 괴사한 조직이 몸속에 있으면 합병증이 생기므로 꼭 없애야 한다. 그래서 총상을 입은 환자를 치료할 때는 총알을 몸에서 빼내는 것뿐만 아니라 주변의 괴사한 조직도 떼어 내고 지혈한 다음에 다친 부위를 봉합한다.

만약 동맥이 끊어질 만큼 다리에 심각한 부상을 입는다면 어떻게 해야 할까? 급한 대로 지혈용 압박대를 사용해 피가 흐르는 것을 막을 수는 있다. 그러나 압박대에만 의존하면 혈액순환이 이루어지지 못해 다리가 되돌릴 수 없을 만큼 썩을 수 있다.

그래서 의사들은 혈액순환을 방해하지 않으면서 혈관 벽의 상처를 치료할 방법, 큰 부상으로 잘린 혈관을 다시 잇는 방법을 오랫동안 연구해 왔다. 과거에는 흡수성 금속이나 금, 은 등으로 만든 도관을 손상된 혈관에 삽입하기도 하고, 반대로 손상된 혈관을 이 도관 속으로 삽입하기도 했다. 하지만 모두 불확실하고 일관성 없는 결과만 낳았다.

카렐이 청년 의사였던 19세기까지만 해도 잘린 혈관의 양 끝을 연결하는 것은 아예 불가능한 일로 여겨졌다. 혈관은 둥글고 미끄러운 데다 워낙 약해서 금세 손상되었다. 당시 의사들이 사용하던 의료용 바늘은 지금보다 훨씬 굵었는데, 굵은 바늘로 혈관을 꿰매면 피떡(혈전)이 생기거나 피가 새어 애써 봉합해도 혈액이 흐르지 못했다.

그러다가 1894년 프랑스에서 비극적인 사건이 터졌다. 프랑스의 사디 카르노 대통령이 어느 무정부주의자의 칼에 찔린 것이다. 대통령은 급히 병원으로 옮겨졌지만, 피를 너무 많이 흘려 끝내 사망했다. 잘린 혈관을 연결할 방법이 없었기에 의료진은 아무런 손을 쓸 수 없었다. 그때 젊은 의학도였던 카렐도 큰 충격에 빠졌다. 그는 혈관을 봉합할 방법이 없을지 고민했다.

자수 놓기 장인에게 바느질을 배우다

카렐은 먼저 혈관 봉합에서 가장 기초라고 할 수 있는 바느질 솜씨부터 갈고 닦아야 한다고 생각했다. 그래서 그가 살던 프랑스 리옹에서 비단 자수를 잘 놓는다고 소문난 르루디에 부인을 찾아갔다. 르루디에 부인은 그에게 가는 바늘로 섬세하고 정확하게 바느질하는 방법을 가르쳐 주었다.

바느질의 기본기를 연마한 그는 뛰어난 집중력으로 연습을 거듭했다. 종이에 절개선을 그려 놓고 보이지 않을 정도로 촘촘하게 봉합하며

1914년 카렐이 아내와 함께 찍은 사진. 그는 연구에 전념하기 위해 미국으로 이민했다.

수도 없이 연습했다. 시간이 쌓일수록 그의 봉합 실력은 날로 발전했다.

그런데 환자 진료를 많이 해서 수익을 올리는 의사를 선호하던 병원에서는 연구에만 열중하는 카렐을 그리 달가워하지 않았다. 병원은 그를 못마땅하게 여겨 승진 심사에서 탈락시켰다. 실망한 카렐은 연구에만 전념할 수 있는 새로운 환경을 찾아야겠다고 마음먹었다. 보수적인 프랑스의 병원은 새로운 연구를 하기에는 너무나 답답했다. 고민 끝에 그는 미국으로 이민을 떠나 시카고대학교의 생리학 연구실에 들어갔다. 이 연구실에는 카렐처럼 봉합법을 연구하는 찰스 거스리(Charles

Guthrie)가 있었다. 카렐은 훌륭한 동료인 거스리와 함께 여러 동물의 혈관을 연결하는 실험을 이어 갔다. 그 뒤에는 세계적으로 권위가 높은 록펠러의학연구소로 옮겨 실험을 계속했다.

장기이식의 기초가 된 혈관 봉합법

미국에서 카렐은 마침내 혈관을 다시 잇는 새로운 방법을 개발할 수 있었다. 그는 바느질 장인에게 배운 대로 매우 가느다란 바늘에 섬세한 실크 실을 꿰어 혈관의 양 끝을 연결했다. 특히 세 바늘땀만으로 혈관의 둥근 단면을 삼각형으로 만드는 방법을 개발했다. 이것이 카렐의 위대한 업적이라고 할 수 있는 **삼각봉합법**이다. 생각해 보자. 둥근 곡선의 단면보다 직선의 단면이 훨씬 더 봉합하기 쉽다.

삼각봉합법의 원리는 간단하다. 먼저 혈관을 120도 간격으로 세 군데 꿰매고, 꿰맨 실을 팽팽하게 담기면 정삼각형이 만들어진다. 이렇게 정삼각형이 된 혈관의 각 변을 직선으로 꿰매 준다. 이 방법은 오늘날의 수술실에서도 널리 이용하고 있다. 삼각봉합법으로 혈관을 이으면 수술 후에 나타나는 출혈이나 색전증 같은 부작용을 막는 데에 매우 효과적이다. 매우 가느다란 미세혈관도 꿰맬 수 있고, 혈전도 생기지 않아 시간이 지나도 혈관이 막히지 않는다. 카렐은 조직에 상처를 주지 않으면서 혈관을 꿰맬 수 있었고, 일시적으로 피가 흐르지 않게 해야 할 때는 양쪽 혈관을 천으로 가볍게 묶어 줌으로써 해결했다. 이 천은

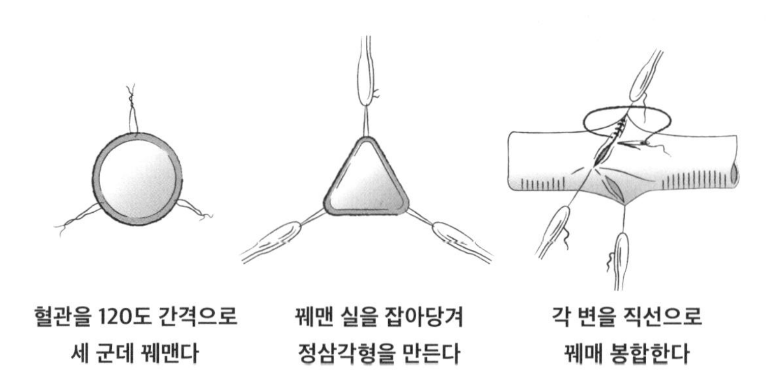

카렐이 개발한 삼각봉합법

현재 사용하는 '혈관 클램프'의 역할과 같다.

카렐의 봉합법은 장기이식의 기초가 되었다. 카렐은 한 동물에게서 다른 동물로 지라(비장), 난소, 콩팥 등의 장기를 이식하는 데 성공했다. 한 번 잘라 냈다가 다시 제자리로 되돌려 놓은 기관들도 여전히 제대로 기능했다. 다른 동물의 것으로 바꾼 발도 정상적으로 움직였다. 외과 의사들은 동물실험 결과를 사람을 수술하는 데도 적용할 수 있었다. 그리고 상처 입은 동맥을 같은 길이의 정맥으로 대체하는 시술인 정맥이식에 성공하기도 했다.

카렐은 1912년 혈관 봉합과 장기이식에 기여한 공로로 39세라는 젊은 나이에 노벨생리의학상을 받았다. 오래전 그를 승진에서 탈락시킨 프랑스의 병원은 세계적인 인재를 놓치는 큰 실수를 한 셈이다.

Le Docteur CARREL, de New-York

카렐은 동물의 장기이식 실험에 성공했다.

노벨상을 수상하고 나서도 새로운 발견에 대한 카렐의 열정은 끝나지 않았다. 카렐은 노벨상을 받은 그해에 실험실에서 닭의 심장 근육 세포를 **배양**(동식물 세포나 미생물을 인공적인 환경에서 기르는 일)하는 데 성공했다. 이 세포를 두고 세계 각지의 언론은 '죽지 않는 닭의 심장'이라고 크게 보도했다. 이 세포는 세상에서 가장 유명한 세포로 불리며 30년 동안이나 살아 있었다.

제1차 세계대전이 발발하자 카렐은 고국인 프랑스의 육군 소령으로 근무하며 다친 군인들을 치료하는 방법을 연구했다. 이때 화학자 헨리 다킨(Henry Dakin)과 함께 개발한 '카렐-다킨 치료법'은 상처가 곪거나 번지는 것을 막아 많은 군인의 목숨을 구했다. 1930년대에는 불완전하지만 인공 심장을 만들기도 했다.

눈부신 성취를 이룬 카렐이지만 그가 말년에 남긴 큰 오점이 있다. 독일 나치에게 협조한 것이다. 히틀러는 유대인을 말살하는 근거로 우생학을 내세웠다. 우생학은 열등한 유전자를 구분해 인류를 개량하려고 시도한 학문이다. 평소 우생학을 지지한 카렐은 나치 인간문제연구소의 책임자가 되어 유대인의 유전자와 세포를 연구했다.

제2차 세계대전에서 독일이 패배하자 카렐은 독일 나치에 동조하고 인종청소를 정당화한 의사로 학계에서 추방당했다. 그리고 전쟁이 끝난 지 얼마 되지 않아 파리에서 사망했다.

그는 청년 시절 한 생명이라도 더 구할 방법을 고심하며 열정을 불태우던 의사였다. 그가 초심을 잃지 않았다면 하는 아쉬움이 남는다. 의학에서는 지식과 기술뿐만 아니라 의사로서의 올바른 윤리 의식과 태도도 중요하다.

한 걸음 더

인종차별을 정당화한 학문, 우생학

우생학은 인간이 지닌 유전자의 우열을 따지고 개량하는 방법을 연구한 학문으로, 19세기 후반에 널리 퍼졌다. 유럽의 우생학자들은 인종에 등급을 매겨 피라미드처럼 나눴다. 이 피라미드의 맨 위에는 백인 남성이 자리했다. 그다음으로는 백인 여성과 흑인 남성이, 맨 밑에는 흑인 여성이 자리했다.

우생학은 유럽, 미국, 일본 등의 열강들이 다른 나라를 침략하거나 이민족을 차별하는 일을 정당화하는 수단이 되었다. 히틀러는 유대인이 선천적으로 열등한 종족이라며 강한 국가를 위해서 완전히 없애야 한다고 주장했다.

우생학은 19~20세기 전 세계에 어두운 그림자를 드리웠고, 이제는 사이비 과학, 미신 취급을 받으며 사라졌다. 하지만 그렇다고 해서 인류가 윤리적 문제에서 자유로워진 것은 아니다. 유전자를 고르고 편집할 수 있는 유전자 가위 기술, 유전자 조작 치료 등의 과학기술은 생명의 존엄성에 대한 새로운 논쟁을 일으킨다. 유전자 조작을 반대하는 사람들은 이 기술이 모든 생명이 평등하며 태어난 그대로 존중받아야 한다는 원칙을 흔들 수 있다고 지적한다. 또한 은연중에 특정 유전자가 더 뛰어나다는 생각을 하게 만들어 새로운 차별의 근거가 될 수 있다고 우려한다.

소아과

4

소아마비 백신을 최초로 개발하다

조너스 소크

조너스 소크

Jonas Salk

1914-1995

미국의 의학 연구자이자 바이러스학자.
소아마비 백신을 처음 개발해
수많은 어린이의 생명을 구했다.

역사를 보면 흑사병, 천연두, 스페인독감 등 인류를 위협하고 두려움에 떨게 한 감염병들이 있다. 이런 질병들은 전쟁보다도 더 무서운 존재였다. 과거에는 소아마비도 그중 하나였다. 소아마비 백신을 개발해 많은 어린이의 생명을 구한 의학자를 소개한다.

원자폭탄만큼 무서운 소아마비

소아마비는 5세 이하의 어린아이가 주로 걸리는 바이러스성 질병이다. 소아마비에 걸린 아이들은 감기몸살에 걸린 듯 고열에 시달리고 팔과 다리가 마비되며, 심하면 사망까지도 이른다. 그리고 병이 낫더라도 팔다리가 평생 마비되는 큰 후유증이 남는다.

지금이야 거의 사라진 질병이지만 과거 소아마비에 대한 공포는 어마어마했다. 2009년 PBS 다큐멘터리는 당시 상황을 "원자폭탄을 제외하고도 미국은 소아마비에 떨고 있다"라는 말로 묘사했다. 1952년이 특히 심각했는데, 그해 미국에서는 5만 8,000건이 넘는 소아마비 감염 사례가 나왔고 2만 명이 넘는 환자가 팔다리의 마비를 겪었다. 사망자도 3,000명이 훌쩍 넘었다. 미국의 프랭클린 루즈벨트 대통령도 어릴 적 앓은 소아마비로 평생 휠체어를 타고 다닌 인물이었다. 상황이 이렇다 보니 과학자들은 소아마비를 막을 방법을 한시라도 빠르게 찾고자 연구를 거듭했다.

19세기에 프랑스의 세균학자 루이 파스퇴르는 우리 몸이 인위적으로 약하게 만든 세균을 물리치고 나면 면역 효과가 생긴다는 사실을 발견했다. 이것이 바로 백신의 원리다. 파스퇴르 이후 과학자들은 다양한 백신을 만들고 효과를 보았기에 소아마비도 금방 퇴치할 수 있으리라 믿었다. 하지만 소아마비 백신 개발은 예상과는 달리 많은 난항을 겪었다. 1930년대에 두 종류의 백신이 만들어졌지만 모두 폐기되었다. 접종하고 나면 온몸이 마비되는 부작용이 있었기 때문이다. 이후 20년 동안이나 백신 연구는 침체기를 맞았다. 소아마비 백신을 만드는 일이 유독 어려웠던 이유는 무엇이었을까?

소아마비 바이러스는 뇌 조직, 즉 신경세포로 배양할 수 있다는 특성이 있었다. 그래서 연구하기 무척 까다로웠다. 그러다가 1949년 하버드대학교의 면역학자 존 엔더스(John Enders)의 연구 팀이 피부, 근육, 장에서 얻은 세포에서 소아마비 바이러스를 배양하는 데 성공했다. 바이러스를 쉽게 기를 수 있게 되자 백신 연구는 비로소 활기를 되찾았다.

엔더스는 이 발견으로 1954년에 공동 연구자들과 함께 노벨생리의학상을 받았다.

백신 개발에는 한 가지 어려움이 더 있었다. 소아마비 바이러스에 너무 많은 변종이 있었다는 점이다. 바이러스의 종류는 무려 200가지에 가까웠다. 백신을 개발하려면 이 바이러스들을 분류해야만 했다. 1948년부터 미국의 대학교 네 곳에서 바이러스를 분류하는 작업에 일제히 착수했다. 1년 만에 면역학자들은 이 바이러스들을 세 종류로 분류하는 데 성공했다. 이에 따라 백신도 세 종류만 만들면 된다는 희망이 싹텄다.

소아마비로부터 인류를 구출한 최초의 백신

조너스 소크는 소아마비 바이러스를 분류하는 작업에 참여한 의사였다. 이후 그는 스승 토머스 프란시스 주니어(Thomas Francis Jr.)를 따라 미시간대학교로 옮겨 미군에 공급할 독감 백신을 연구했다.

백신에는 두 가지 종류가 있다. **사백신**은 완전히 죽인 미생물로 만들고, **생백신**은 살아 있지만 독성을 약하게 만든 미생물로 만든다. 사백신은 생백신보다 안전하지만 효과가 다소 떨어질 수 있고, 생백신은 효과가 좀 더 좋은 대신 죽지 않은 미생물을 몸속에 투입하기에 부작용이 일어날 확률이 더 크다는 단점이 있다.

그런데 소크는 독감 백신을 연구하면서 사백신만으로 감염병이 충분히 예방되리라 확신했다. 미국 피츠버그대학교 바이러스연구소장

1955년 조너스 소크가 자신이 개발한 소아마비 백신을 들고 기뻐하고 있다.

이 된 그는 소아마비 바이러스를 포르말린으로 죽여 세 종류의 바이러스에 모두 듣는 3가(trivalent) 사백신을 1952년 처음으로 개발했다. 소아마비를 앓았다가 회복한 사람에게 백신을 주사해 보니 부작용이 없었다. 소크는 자기 자신과 가족도 실험 대상으로 삼았다. 건강한 자원자들도 모아 검사를 해 보니 모두 부작용 없이 몸속에 항체가 만들어져 있었다. 성공적인 실험 결과를 확인한 소크는 드디어 안전하고도 효과 있는 소아마비 백신을 개발했다고 기뻐했다.

1953년 연말에는 피츠버그 지역의 성인과 어린이에게 주사해 백신이 얼마나 안전하고 효과가 있는지 재차 점검했다. 1954년까지 미국 44개 주에서 180만 명의 아동을 대상으로 주사하며 백신의 효능을 확실하게 확인했다. 백신의 효과는 작게는 60퍼센트였고, 특히 세 가지 중 한 가지 바이러스에는 90퍼센트에 달했다. 이 정도면 안전하고 효과도 있는 백신으로 인정할 수 있었다. 이렇게 획기적인 백신이 개발되자 소아마비 공포에 떨던 전 세계는 환호했다.

소크는 오랫동안 전 세계를 괴롭혀 온 난치병에서 사람들을 구원하는 길을 열었다. 떼돈을 벌 수 있는 기회였다. 제약회사들은 특허를 양도하라며 앞다투어 어마어마한 액수를 제시했다. 소크가 제안에 따랐다면 벌 수 있었던 돈은 대략 70억 달러로, 우리 돈으로는 무려 8조 원에 이른다. 그런데 소크는 특허를 포기하고 백신을 만드는 방법을 무료로 제공하기로 했다. 한 TV 프로그램과의 인터뷰에서 특허에 대한 질문을 받고 다음과 같은 유명한 말을 남겼다.

소아마비 백신이 개발되자 미국 전역은 환호했다. 1955년 4월 미국의 한 상점의 진열창에 "소크 박사님, 고마워요(Thank you Dr. Salk)"라는 문구가 붙어 있다.

"특허 같은 건 없습니다. 태양에도 특허를 낼 건가요?"

그래서 소아마비 백신은 저렴한 가격에 널리 공급될 수 있었고 수많은 어린이의 생명을 구했다. 개발자인 소크가 개인적인 이익보다는 공익을 선택한 결과였다. 그는 백신을 개발한 공로로 미국 대통령훈장과 의회 명예황금훈장을 받았다. 두 훈장 모두 미국 최고의 영예로 여겨진다.

소크는 말년에 소아마비 백신에 이어 에이즈 백신을 만들고자 했으나 끝내 완수하지는 못하고 1995년에 심장마비로 사망했다.

소크의 백신에 반대하던 사람도 있었다. 바로 앨버트 세이빈(Albert Sabin)이다. 세이빈은 소련에서 태어난 유대인으로 미국 뉴욕대학교를 졸업한 임상 의사였다. 바이러스 연구로 분야를 옮겨 제2차 세계대전 중에 뎅기열과 일본뇌염 백신을 연구했다. 전쟁이 끝나고 나서도 신시내티대학병원 소아과에서 백신 연구를 계속했다.

그는 소크의 사백신을 이론적으로 불완전한 백신이라고 비판했다. 살아 있는 바이러스를 투여해야 확실한 면역을 얻을 수 있는데, 죽은 바이러스로 만든 백신은 저절로 얻을 영구 면역의 기회를 박탈하는 나쁜 백신이라고 공격했다.

세이빈은 소아마비가 입으로 감염된다는 원리를 이용해 먹는 백신을 개발했다. 이 백신은 소크의 백신과는 확실한 차이가 있었다. 우선 살아 있는 바이러스를 약하게 만든 생백신이었다. 파스퇴르가 발견한 고전적인 백신의 원리를 따른 것이다. 그래서 이 백신은 자연적으로 바이러스에 감염되고 나서 면역을 얻는 것과 똑같은 효과를 냈다. 게다가 한 번만 먹으면 평생 면역을 얻을 수 있었다.

그런데 그의 백신이 나왔을 때는 이미 소크의 백신 접종 캠페인이 미국 전역에서 이루어지고 있었다. 그래서 세이빈의 백신은 받아들여지지 못했다. 그러자 그는 고국인 소련으로 날아갔다. 1950년대 후반에 소련 과학자들의 협조를 얻어 소련에서 백신의 효능과 안정성을 검증했다. 네덜란드와 동유럽 국가들, 멕시코 등에서도 총 1억 명 이상을 대상

앨버트 세이빈(오른쪽)은 한 번만 먹어도 효과가 있는 백신을 개발했다.

으로 백신을 검증해 성공적인 결과를 거두었다. 1959년 캐나다에서는 소크가 개발한 백신의 재고가 부족해지자 이를 메우기 위해 세이빈의 백신을 구매했다.

어떤 백신이 더 효과가 좋을까?

생백신도 안전하고 효과가 좋은 것으로 밝혀지자 이제 두 백신 사이의 우위를 비교해야 했다. 어떤 백신이 더 뛰어나다고 할 수 있을까?

소크의 백신과 세이빈의 백신은 모두 확실한 장단점이 있었다. 소크의 사백신은 죽은 바이러스를 이용하기에 바이러스에 감염될 위험이 없었다. 그러면서도 면역계가 항체를 만들어 중추신경계를 보호하는 효과를 낼 수 있었다. 하지만 3회 접종해야 효과가 생긴다는 점에서 절차가 까다롭고 비용이 더 드는 편이었다. 그래서 백신이 만들어지고 나서 5년 동안 엄청난 접종 캠페인이 이루어졌는데도 미국에서는 9,000만 명의 어린이, 특히 도심의 가난한 슬럼가 어린이들이 접종받지 못했다. 그러다 보니 소아마비로 다리가 마비되는 환자가 다시 점점 늘었다. 1957년에는 2,500명까지 낮출 수 있었지만 1959년에는 5,500명까지 늘어났다.

이렇게 되자 미국에서도 세이빈의 백신을 배포하자는 여론이 만들어졌다. 세이빈의 생백신은 살아 있는 약한 바이러스를 창자로 보내 항체를 만드는 원리였다. 그리고 이 백신에 들어 있는 약한 바이러스는 대변을 통해 생태계로 퍼져나가 다른 아이들에게도 면역을 일으키는 이득도 있었다. 즉 집단 면역의 효과까지 기대할 수 있었다. 또한 주사 형태가 아닌 먹는 백신인 데다 한 번 먹는 것으로 충분하다는 편리성까지 있었다. 그러나 소크는 아무리 약해도 살아 있는 바이러스를 먹이면 부작용으로 환자가 생길 수밖에 없다고 반격했다.

그럼에도 세이빈의 백신은 미국에 도입되었다. 1960년 미국에서는 신시내티의 아동 18만 명에게서 세이빈이 만든 백신의 효과를 검증하는 절차를 거쳤다. 그리고 1962년에 드디어 세이빈의 백신은 미국에서 판매할 수 있는 허가를 얻었다. 소크의 백신보다 8년이나 늦었지만, 먹는 백신은 곧 소크가 개발한 주사 백신을 따라잡았다. 1960년대 중반에는 먹는 백신으로 대세가 기울었고 1970년대에는 세계에서 가장 표준이 되는 약으로 자리 잡았다. 우리나라에서도 먹는 백신을 주로 사용했다.

그러나 캐나다, 스웨덴, 핀란드, 아이슬란드, 네덜란드에서 세이빈의 백신을 복용했다가 부작용으로 소아마비에 걸린 사례들이 보고되었다. 1990년대가 지나면서 미국, 프랑스, 노르웨이를 선두로 개량된 사백신을 다시 사용했다.

오늘날 지구상에서 소아마비는 거의 사라졌다. 1988년에만 해도 전 세계에서 매해 35만 명씩 환자가 나왔지만 2017년에는 단 22명에 그쳤다. 그리고 2020년 8월 세계보건기구는 아프리카에서 소아마비가 완전히 사라졌다고 공식 발표했다. 이는 수십 년에 걸쳐 전 세계에 백신이 배포되었기에 가능했다. 그런데 소크와 세이빈 모두 노벨상과는 인연이 없다.

물론 그들이 개발한 백신은 소아마비 퇴치에 결정적인 역할을 했다. 그런데 모든 백신 연구는 존 엔더스의 연구 팀이 바이러스를 쉽게 배양하는 방법을 알아냈기에 가능했다. 그래서 노벨상위원회는 소크와 세이빈의 공로가 존 엔더스의 연구와 비교해 새로운 게 없다고 생각했던 것 같다. 또한 소크와 세이빈 간에 일어난 끊임없는 다툼 때문에 위원회

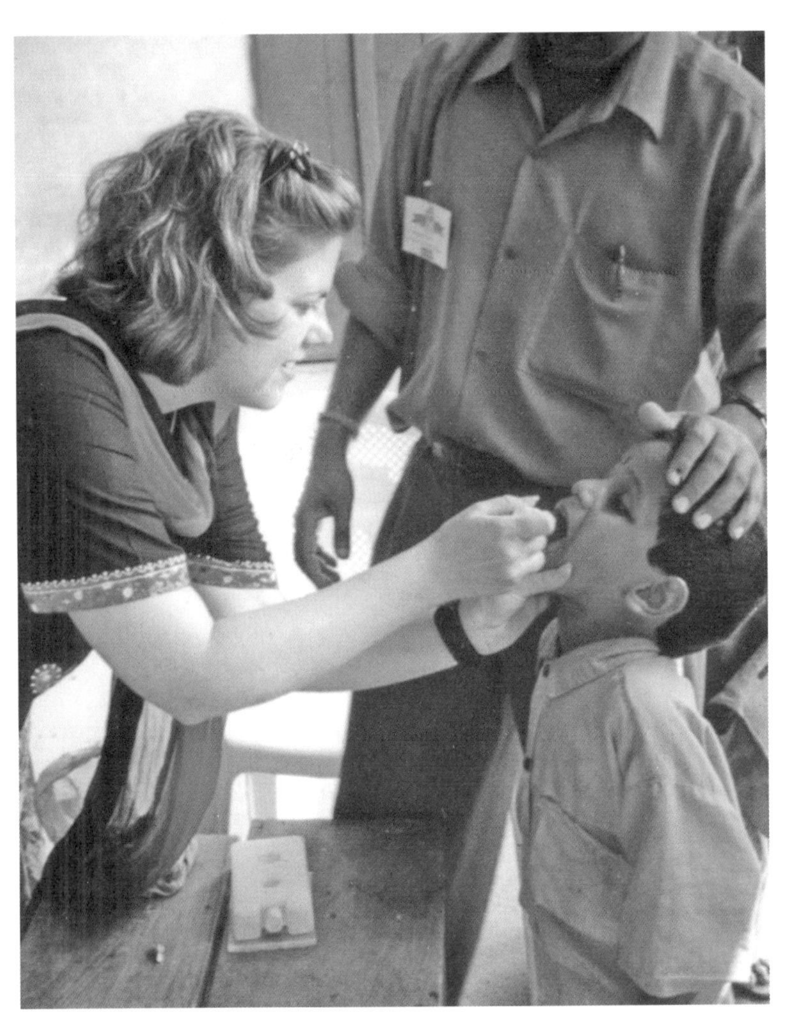

소아마비 백신을 먹는 인도의 어린이.
백신의 개발로 현재 소아마비는 지구상에서 거의 사라졌다.

에서 두 사람 모두 수상에서 제외했을 것이라고 보는 시각도 있다.

그러나 이 사실 하나만은 분명하다. 그들의 치열한 노력으로 오랫동안 인류를 괴롭혀온 소아마비는 그 위력을 잃었다.

한 걸음 더

파스퇴르의 위대한 발견

'백신'은 프랑스의 세균학자 파스퇴르가 1880년에 처음 붙인 이름이다. 사실 인류 최초의 백신은 그보다 앞선 1796년에 등장했다. 영국에서 에드워드 제너가 천연두를 예방하기 위해 사람에게 주사한 고름이 첫 번째 백신이라고 할 수 있다. 그러나 백신의 원리를 확립하고 다양한 감염병에 적용한 사람은 파스퇴르였다.

파스퇴르의 백신은 우연한 발견에서 비롯되었다. 1880년 닭콜레라가 프랑스에서 유행하자 파스퇴르는 콜레라를 일으키는 균을 찾아내는 연구를 시작했다. 우선 병든 닭의 피에서 세균을 분리해 건강한 닭에게 주사하는 실험을 하며 닭콜레라균을 찾아내는 작업을 했다. 그런데 파스퇴르의 조수가 실수를 저질렀다. 휴가를 떠나면서 배양균을 닭에게 주사하는 것을 깜빡한 것이다.

며칠 동안 방치된 배양균들은 시들시들해져 있었다. 그런데 이 약해진 균을 주입한 닭들은 신기하게도 죽지 않고 오히려 면역력이 생겼다. 파스퇴르는 이를 통해 약한 병균을 주사하면 병에 걸리지 않는다는 사실을 발견했다. 이런 과정을 거쳐 닭콜레라 백신을 개발했고, 이후에 탄저병과 광견병 백신도 개발했다.

산부인과

5

손 씻기의 중요성을 처음 발견하다

이그나즈 제멜바이스

이그나즈 제멜바이스

Ignaz Semmelweis

1818-1865

헝가리의 산부인과 의사.

19세기 산모들을 죽음에 이르게 하던 산욕열의 원인을 발견해

'어머니의 구세주'로 불린다. '손 씻기'로 대표되는

소독의 중요성을 처음으로 알린 의사다.

러시아의 소설가 레프 톨스토이의 유명한 작품《안나 카레니나》의 주인공 안나는 브론스키라는 군인과 열렬한 사랑에 빠진다. 안나는 그의 딸을 낳다가 **산욕열**로 죽을 뻔한 고비를 넘긴다. 산욕열이라니, 이름이 낯설지만 사실 아주 치명적인 병이다.

산욕열은 세균이 아이를 낳은 산모의 상처로 들어가 생기는 감염병이다. 지금은 드물지만, 과거에는 세균이 전신에 퍼져 고열을 일으키고 생명을 위협하는 무시무시한 병이었다. 산모들은 아이를 낳은 지 며칠 만에 맥박이 갑자기 빨리 뛰는 증상과 격렬한 발작을 겪고, 찢어질 듯한 통증을 호소하며 죽어 나갔다. 19세기 중반까지만 해도 출산을 앞둔 여성들 사이에서는 이런 산욕열에 대한 두려움이 널리 퍼져 있었다. 산모들은 병원보다 집에서 산파(출산을 돕는 직업 여성)의 도움을 받아 아이를 낳는 게 훨씬 더 안전하다고 생각했다. 병원에서는 산욕열로 죽는 산모가 4명 중 1명꼴일 만큼 많았다. 산파를 고용할 수 없을 정도로 가난한 여성들만 어쩔 수 없이 병원에서 아이를 낳았다. 병원에서 의사의 도움을 받는 것을 두려워하다니, 오늘날과는 정말 다른 풍경이다.

그렇다면 당시 병원에서 사망하는 산모가 많았던 이유는 무엇이었을까? 그리고 그 원인을 처음으로 발견한 의사는 누구였을까?

산욕열을 막을 방법을 고민하다

당시의 의학계는 산욕열의 원인을 두고 '병원의 환기가 잘 되지 않아서 나쁜 공기가 산모들에게 옮은 것이다', '천연두 같은 유행병이다' 등의 해석을 내놓았다. 그런데 오스트리아 빈 종합병원의 산부인과 의사 제멜바이스의 생각은 좀 달랐다. 제멜바이스는 매우 세밀한 관찰력의 소유자였다.

이 병원의 산부인과에서는 한 해에만 7,000~8,000건의 분만이 이뤄졌다. 큰 규모를 자랑하는 최고의 산부인과로 꼽혔지만, 산욕열을 피해 가지는 못했다. 1847년에는 산모가 6명 중 1명꼴로 산욕열에 걸려 사망했다.

당시 신생아의 분만이 이뤄지는 병동은 두 군데로 나뉘었다. 제1병동은 의사와 의대생이 분만을 담당했고, 제2병동은 산파가 맡았다. 두 곳 모두 1년에 대략 3,500건의 분만이 이뤄졌다. 그런데 제1병동에서는 매년 600~800명의 산모가 산욕열로 사망했지만 제2병동에서는 60여 명만이 목숨을 잃었다. 즉 산파가 아이를 받을 경우 그 사망률은 의

제멜바이스는 산욕열의 진짜 원인을 찾기 위해
산모 병동에서 일어나는 일들을 자세히 관찰했다.

사가 담당한 분만의 10분의 1밖에 되지 않았다.

그래서 산모들에게는 제1병동에 입원하는 것이 사형선고나 다름없게 여겨졌다. 그들은 제발 제1병동으로는 가지 않게 해달라고 빌었다. 이런 산모들을 보며 제멜바이스는 이 병동의 사망률이 높은 이유를 기필코 알아내리라 다짐했다.

산욕열의 원인을 찾느라 매일 전전긍긍하던 제멜바이스의 눈에 이상한 사실이 포착되었다. 연간 통계를 보면 사망률이 날씨나 계절과는 관계가 없어 보였다. 대신 희한하게도 산욕열 환자가 병원에서 속출하는 동안 비엔나 시내에서는 이러한 전염병이 존재하지 않았다. 이상한 점은 이뿐만이 아니었다. 가만 보니 병동을 폐쇄하고 다시 열었을 때는 항상 사망률이 낮았다. 그리고 그는 산모들이 아이를 낳다가 자궁 근처에 상처를 크게 입을수록 산욕열에 걸릴 가능성도 커진다는 사실도 발견했다.

제멜바이스의 의심은 꼬리에 꼬리를 물었다. 곧이어 이 병의 원인이 나쁜 공기도, 유행병도 아니라는 생각이 들었다. 새로운 가설을 세워야 했다. 혹시 병동에서 제공하는 치료나 식사, 간호의 질에 문제가 있는 것은 아닐까? 아니면 분만 시술 과정에 원인이 있는 것은 아닐까?

위생의 중요성을 처음으로 주장한 의사

그러던 1847년에 병원에서 불행한 사건이 터졌다. 존경받는 법의학 교수이자 제멜바이스의 절친한 동료이기도 했던 야코프 콜레츄카(Jacob Kolletschka)가 산욕열에 걸린 산모를 부검하다가 칼에 손을 베이고, 상처의 염증으로 며칠 만에 사망하는 일이 벌어진 것이다. 제멜바이스는 죽은 의사의 시신에서 산욕열로 죽은 산모의 몸에 있는 것과 똑같은 검은 자국들을 발견했다. 그는 친구를 사망에 이르게 한 병과 산욕열이 같은 병이라는 생각을 하게 되었다.

예전에는 시신을 냉동 보관하는 기술이 없었다. 그래서 시신을 부검하는 해부병리 의사들은 시신이 부패하기 전에 재빨리 부검을 해야만 했다. 반면 산파는 이러한 해부에 참여하지 않았다. 그렇다면 혹시 해부 과정에 산욕열을 일으키는 원인이 있는 것은 아닐까? 제멜바이스는 '시체를 만진 의사들이 보이지 않는 입자를 손에 묻혀 와 산모들에게 옮긴다'는 새로운 가설을 세웠다. 묘하게도 의대생들까지 해부 실습을 시작한 1823년부터 산모가 산욕열로 죽는 사례가 급격히 많아졌다.

그는 곧장 병원에 염소 처리된 석회 용액을 가득 담은 대야를 설치했다. 그리고 해부실에서 분만실로 가는 의사들에게 이 소독액을 사용할 것을 부탁했다. 그들에게 산모를 돌보기 전에 장비와 손을 박박 씻을 것을 주문했다. 그러자 놀라운 일이 벌어졌다. 이듬해인 1848년에 제1병동의 산모 사망률이 18퍼센트에서 1.2퍼센트로 급격하게 떨어진 것이다. 제2병동의 1.3퍼센트보다도 낮은 수치였다. 이를 통해 제멜바이스는 산모와 접촉하는 모든 사람이 철저하게 손을 소독한다면 감염을 예방할 수 있다는 사실을 증명해 냈다. 산욕열은 종기를 째는 침, 고름과 피가 묻은 침대 시트 등 오염된 것들로부터 감염되는 병이었고 이는 청결을 잘 유지하기만 하면 충분히 막을 수 있었다.

이렇게 그는 **위생**과 **소독**이 얼마나 중요한 것인지를 의학계에 처음으로 알렸다. 오늘날 우리는 일상에서 수시로 손을 잘 씻는 것만으로 크고 작은 병을 예방할 수 있다는 것을 잘 안다. 이러한 상식은 제멜바이스의 발견을 통해 널리 정착되었다고 할 수 있다.

외로운 싸움을 하며 이어 나간 연구

다른 의사들은 제멜바이스의 새로운 주장을 노골적으로 거부했다. "아니, 그럼 우리가 지금까지 산모들을 죽인 살인자라는 말입니까?"라며 오히려 반격을 가했다. 당시 의학계에는 개인 위생에 대한 개념이 없었다. 피와 고름이 묻은 가운을 입고서도 아무렇지 않게 다음 환자를 진료했다. 오히려 더러운 가운을 오랜 경력을 상징하는 것으로 자랑스럽게 생각했다. 수술 전에 손을 씻는 것도 필수가 아닌 그저 형식적인 절차로만 여기고 있었다.

이에 제멜바이스는 "손을 씻지 않는 의사들은 암살자다!"라며 더욱 거세게 맞받아쳤다. 그는 1847년 《빈 의사회 저널》이라는 학술지에 자신의 발견에 대한 초록(짧은 논문)을 발표했다. 〈산부인과 병원의 산욕열 전염병 발생 원인에 대한 중요한 경험〉이라는 제목의 20쪽 남짓 되는 글이었다. 빈 종합병원에서 산욕열로 죽는 환자가 감소한 것은 염소액을 이용한 손 소독법을 도입했기 때문이라는 주장을 담았다.

이 견해를 지지한다는 의사도 소수이지만 있기는 했다. 하지만 빈에 있는 동료 대부분은 그에게 찬성하지 않았다. 논란이 커지자 빈 종합병원은 그에게 불리한 계약 조건을 내걸며 선을 그었다. 그러자 화가 난 제멜바이스는 그를 돕던 동료나 스승 누구에게도 알리지 않고 5일 만에 헝가리로 돌아가 버렸다. 1851년 그는 고향 페슈트로 돌아와 센트로쿠시 병원에서 근무했다. 새로운 병원에서도 빈에서 만든 것과 같은 예방법을 도입하려 했지만 그리 호응을 얻지는 못했다.

하지만 외로운 싸움을 하면서도 그의 연구 열정은 계속되었다. 약 10년 뒤인 1861년《산욕열의 원인, 이해, 예방》이라는 책을 독일어로 출간했다. 약 100부가 인쇄된 이 책은 산욕열에 관한 그의 분석을 세밀하게 담았다. 그가 직접 관찰한 증상과 부검 사례뿐만 아니라 100개가 훌쩍 넘는 그래프로 통계학적 수치까지 꼼꼼하게 제시했다. 그는 이 책을 유럽의 유명한 산부인과 의사들에게 보냈다. 하지만 책을 받은 의사 대부분은 그의 주장을 받아들이지 않았다.

제멜바이스는 말년에 알츠하이머형 치매를 앓다가 1865년 정신병원에서 쓸쓸히 생을 마감했다.

죽고 나서 20년이 지나 인정받다

제멜바이스는 시신에서 산모로 옮겨 가는 보이지 않는 입자가 있다는 주장을 펼쳤다. 그 입자의 정체는 그가 죽고 한참이나 지난 1880년대에 이르러서야 파스퇴르에 의해 **세균**으로 밝혀졌다. 이로써 그의 주장이 뒤늦게나마 인정받게 되었다. 세균소독법을 처음 시행한 의사 조지프 리스터도 제멜바이스와 같은 결론을 내리며 그의 업적을 인정했다.

감염 예방법까지 제시한 제멜바이스의 논문은 2013년 유네스코 세계기록유산으로 등재되었다. 그만큼 그의 발견은 의학사의 위대한 발견으로 평가받고 있다. 그의 고국 헝가리의 부다페스트대학교는 1969년 개교 200주년을 맞이해 학교 이름을 '제멜바이스대학교'으로 바꾸었다.

이렇게 제멜바이스는 세계가 인정한 업적을 남긴 의사다. 그래서 살아생전 인정받지 못했다는 점이 너무나 아쉽게 다가온다. 어쩌면 처음 논문을 발표할 때 짧은 초록이 아니라 좀 더 시간을 두고 완결성 있는 논문을 완성해 냈다면 더 설득력이 있었을지도 모른다. 또한 빈 종합병원과 갈등을 겪을 때, 그를 지지하던 의사들에게 도움을 청하지 않고 헝가리로 바로 떠나 버린 점도 안타까운 일이다.

뒤늦게나마 빛을 본 제멜바이스의 연구와 삶은 의사나 의학자가 되겠다는 포부를 가진 학생들에게 중요한 가르침을 전한다. 그는 다른 의사들이 별로 신경 쓰지 않던 것을 꼼꼼하게 관찰했고, 자신의 가설을 증명하기까지 엄청난 인내심을 가지고 시간을 쏟았다. 관찰과 가설, 증명은 새로운 이론을 연구하고 논문을 쓸 때 꼭 필요한 과정이다. 제멜바이스처럼 끈질긴 관찰력으로 획기적인 발견을 해 의학을 한층 더 발전시키는 의사가 미래에 많이 나타나기를 바란다.

헝가리 제멜바이스대학교에 세워진 제멜바이스의 동상.

한 걸음 더

의학 논문에 꼭 필요한 것들

의학적 발견이나 이론을 인정받기 위해서는 그냥 주장하기만 해서는 안 된다. 반드시 체계적인 논문이 필요하다. 논문은 자신이 연구한 내용을 형식에 맞게 정리한 글로 학계의 공식적인 인정을 받기 위해 필요하다.

의학을 비롯해 자연과학의 논문에는 공통점이 있다. 대개 서론, 방법, 결과, 고찰로 구성되어 있다. 서론에는 연구의 목적, 가설 등을 요약해 언급한다. 방법을 소개하는 대목에서는 어떤 재료로 어떻게 실험했는지 상세히 적어야 한다. 결과에는 앞서 언급한 방법을 수행하며 발견한 새로운 사실을 요약해 정리한다. 마지막 고찰에서는 연구 결과에 관한 연구자 본인의 생각을 적어야 한다. 여기에서는 이전에 학계에서 이루어진 연구들과 비교해 자신의 연구가 새로이 발견한 부분을 강조해야 한다. 그리고 자신의 가설이 맞았는지 틀렸는지 최종 결론을 내린다.

이러한 서론-방법-결과-고찰 과정을 각 250자 정도로 줄인 것을 초록이라고 한다. 제멜바이스가 산욕열에 관해 처음 발표한 짧은 논문이 바로 이 초록이다. 초록의 내용을 더욱 짧게 압축하면 논문의 제목이 된다.

그러면 완성된 논문은 어떤 과정을 거쳐 정식으로 발표될까? 우선 저자는 연구 결과를 담은 원고를 학술지에 제출한다. 그러면 그 학술지의 편집인은 원고를 심사위원들에게 전달한다. 심사위원들이 원고가 충분히 독창성과 완성도를 갖추고 있다고 인정하면, 비로소 그 원고는 논문이라는 이름을 얻어 학술지에 실린다.

응급의학과

— 6 —

인류 최초의 구급차를 만들다

도미니크장 라레

도미니크장 라레

Dominique-Jean Larrey

1766-1842

나폴레옹 군대의 수석 군의관을 지낸 외과 의사.
인류 역사상 최초로 구급차를 고안했으며, 부상이 심각한 환자를 빠르게
치료할 수 있는 분류법을 만들어 '응급의학의 아버지'로 불린다.

지진, 홍수, 산불 등의 자연재해나 큰 교통사고가 일어나 많은 사람이 크게 다치고 목숨이 위태로운 상황에서 현장에 출동한 의료진이 맨 먼저 해야 할 일은 무엇일까? 바로 치료하면 살 수 있는 환자와 가망이 없는 환자를 구별하는 것이다. 의사들은 이를 신속하게 진행하기 위해 네 가지 특정한 색상으로 환자를 분류한다.

의료진은 부상자들이 있는 현장에 도착하면 가장 먼저 "걸을 수 있는 분들은 이쪽으로 오세요"라며 환자들을 안내한다. 걸을 수 있는 환자는 가벼운 부상이라고 판단해 가장 낮은 단계인 초록색으로 분류한다. 걸을 수 없는 환자에게는 "손을 흔들어 보세요"라고 지시하는데, 만약 손을 흔들 수 있으면 노란색으로 분류한다. 만약 환자가 손가락도 못 움직일 정도라면 호흡을 확인한다. 숨도 못 쉬고 맥박도 없으면 사망자를 뜻하는 검은색으로, 숨을 쉬면 응급환자를 뜻하는 붉은색으로 구분해 빠르게 조치한다.

이렇게 네 가지 색상으로 구분하는 분류 체계는 200여 년 전에 만들어졌다. 오늘날에도 현장에서 활발하게 쓰이는 이 분류법을 처음 만든 의사는 프랑스 보나파르트 나폴레옹 군대의 군의관이었던 도미니크장 라레다. 그는 전장에서 다친 사람을 전투가 끝날 때까지 기다리지 않고 곧바로 처치했던 최초의 의사다. 그래서 그는 **응급의학**과 **재난의학**의 아버지라고 부른다.

'날아다니는 구급차'를 발명하다

라레는 1766년 프랑스의 산악 지방인 피레네에서 신발 직공의 아들로 태어나, 13세에 부모를 여의고 외과 의사인 삼촌의 손에서 자랐다. 삼촌은 프랑스 툴루즈에 있는 군병원의 창립자이기도 했다. 그는 삼촌처럼 외과 의사가 되기를 꿈꿨다. 1787년에는 해군에 입대해 프랑스 군함에서 일하는 군의관이 되었다.

그러다가 2년 뒤인 1789년에는 왕을 무너뜨리는 시민 혁명인 프랑스대혁명이 일어났다. 라레는 반혁명 세력에 맞서는 전투에 군의관으로 배치되었다. 현장에서 그는 안타까운 현실을 마주하게 되었다. 제때 치료를 받기만 하면 충분히 살 수 있는데 그러지 못해 죽는 군인이 많았던 것이다. 부상을 당한 군인들을 의사가 있는 곳으로 빠르게 옮기지 못하는 탓이었다. 어떻게 하면 부상병들을 좀 더 신속하게 치료할 수 있을까?

Larrey's "Flying Ambulance"

장 라레가 개발한 응급처치 마차를 묘사한 그림. 그는 마차를 두 가지 종류로 만들었다.

이때 그는 포병 장교 출신인 나폴레옹이 새롭게 만든 부대를 보고 새로운 방법을 떠올렸다. 나폴레옹의 기마 포대는 기동력이 좋은 마차를 이용해 전속력으로 대포를 끌고 목적지에 도착해 적군을 위협할 수 있었다. 그야말로 프랑스 군대의 필살기이자 자랑거리였다. "기마 포대처럼 마차를 이용하면 응급처치도 훨씬 더 빠르게 할 수 있지 않을까?" 그는 마차에 대포 대신 들것, 부목, 붕대, 약품, 음식물 등 응급처치에 필요한 물품을 실었다. 마차는 상황에 따라 다르게 출동하도록 두 가지 종류로 만들었는데, 작은 크기의 경량형 마차는 두 마리 말이 끄는 스프링이 달린 두 바퀴 마차로 부상병 2명을 옮길 수 있었다. 좀 더 큰 크기의 중형 마차는 말 여섯 마리에 네 바퀴가 달린 마차로 8명까지 옮길 수 있었다.

프랑스군은 전열의 맨 뒤에 라레가 만든 구급차를 수백 대 배치했다. 이 마차들은 '날아다니는 구급차'라고 불리며 프랑스 군대의 든든한 무기가 되었다. 병사들은 혹시 부상을 입더라도 의무부대가 구해 줄 것이라고 믿고 용감하게 전장으로 나갈 수 있었다.

계급장을 다 뗀 환자분류법

라레가 남긴 또 하나의 위대한 업적은 앞서 소개한 환자분류법이다. 전투가 벌어지면 한꺼번에 부상병 수백 명이 생기기 마련이다. 시간에 쫓기고 손이 달리는 상황에서는 부상병을 신속히 분류하는 기준이 필요했다. 그때까지만 해도 계급이 높은 순서대로 치료하는 것이 관례였지만 위급한 부상병을 빨리 치료하는 것이 무엇보다 중요하다고 생각한 라레는 **트리아지**라는 파격적인 부상자 분류법을 만들었다. 이 이름은 '분리하다' 또는 '선택하다'라는 뜻을 지난 프랑스어 '트리에(trier)'에서 비롯했다. 네 가지 색상으로 환자를 나누는 방법은 혼란스러운 전장에서 치료의 우선순위를 정하고 환자를 효율적으로 치료하는 데 매우 유용했다. 당장이라도 치료를 받지 않으면 생명이 위험한 환자는 누구라도 당연히 치료 1순위였다.

이 분류법은 오늘날 전 세계에서 사용하고 있으며, 응급의학 의사나 군대의 의무병은 반드시 알고 있어야 하는 기본 지식이다. 각국에서는 상황에 따라 조금씩 다르게 응용하기도 한다.

유럽과 아프리카의 전장을 누비다

라레와 나폴레옹의 본격적인 인연은 1794년부터 시작되었다. 나폴레옹은 본래 하급 귀족이었지만 쿠데타를 일으켜 프랑스 황제의 자리까지 올라 유럽을 지배한 인물이다. 나폴레옹은 탁월한 군사적 재능으로 유럽 열강들을 굴복시켰고 중동과 아프리카 정복까지 꿈꿨다. 그는 의사로서 실력도 뛰어나고 성실한 라레를 눈여겨보다가 그를 수석 군의관으로 임명했다.

라레는 유럽은 물론 시리아, 이집트 등의 중동과 아프리카 지역까지 나폴레옹의 원정군을 따라다니며 전장에서 수많은 목숨을 구했다. 그는 구급차를 타고 직접 전장을 누비며 부상병을 수술했다. 사막 지역인 시리아에서는 말이 달릴 수 없자 말 대신 낙타가 구급차를 끌도록 개량했다. 안장의 권총집을 수술 도구와 붕대를 담은 운반용 가방으로 바꾸기도 했다.

프랑스군은 1798년부터 1801년까지 이집트 원정을 떠났을 때 큰 위기를 겪었다. 영국 해군이 물자 보급로를 막았기 때문이다. 엎친 데 덮친 격으로 무서운 전염병인 흑사병이 병사들 사이에 퍼졌다. 라레는 이런 상황에서도 부상병을 살리는 것을 최우선으로 생각했다. 프랑스 군대가 간신히 탈출에 성공할 때 그는 아픈 병사들을 위해 이집트에 남게 해달라고 간청했다. 그는 프랑스가 영국에 항복한 1801년에야 고국으로 돌아왔다.

1804년 나폴레옹은 황제에 즉위하고 라레를 황제 근위대의 수석 외과 의사로 임명했다. 하지만 라레는 계속 현장에 머물며 군인들을 돌보고 싶어 했다.

1809년 오스트리아군과 싸운 바그람전투에서는 그가 수술한 부상자들의 완치율이 무려 90퍼센트에 달할 정도로 놀라운 성과를 냈다. 부상에서 수술까지의 시간을 획기적으로 줄인 '날아다니는 구급차'가 없었다면 불가능한 일이었다. 그는 이 전투가 끝나고 공로를 인정받아 남작 작위를 받았다.

라레는 수술 실력도 매우 뛰어났다. 러시아 원정 중에는 이틀 동안 들판에서 200여 건의 수술을 척척 해냈다. 평균 4분 동안 한 차례의 수술을 끝낼 정도로 신속함과 정확성이 대단했다. 단 17초 만에 팔 절단 수술을 해내기도 했다. 사망하는 부상병이 줄어든 데는 그가 능숙한 수술 실력으로 불필요한 출혈과 감염을 줄인 것도 한몫했다. 적군 지휘관도 전장을 누비는 라레를 존경해 부상병을 치료하는 방향으로는 포를 쏘지 말라고 지시했다고 한다.

적군과 아군을 가리지 않는 인도주의

유럽을 쥐락펴락한 나폴레옹은 1815년 워털루전투에서 크게 패하면서 내리막길을 걷었다. 벨기에 워털루 지방에서 벌어진 이 전투에서 프랑스는 영국과 프로이센이 연합한 적군에게 패배했다. 이때 군의관 라레도 프로이센군에 잡혀 죽을 위기에 처했다. 그런데 뜻밖의 일이 일어났다. 라레의 강의를 들었던 프로이센군의 군의관이 그를 알아보고 곧장 장군을 찾아가 말했다. "적군과 아군을 가리지 않고 치료하던 프랑스

19세기 영국의 화가 데니스 다이튼이 그린 워털루전투.
이 전투에서 라레는 포로가 되어 죽을 뻔하지만 살아남았다.

군의관을 살려주십시오! 몇 년 전 아드님을 구해 준 군의관입니다." 라레는 수년 전 프로이센 장군의 아들이 전장에서 부상을 입었을 때 재빠르게 치료해 살린 적이 있었다. 인도주의 정신으로 적군의 목숨까지도 구했던 것이다. 프로이센 장군은 라레를 석방해 프랑스로 돌려보냈다.

나폴레옹은 워털루전투에서 패배해면서 영국 왕실에 구속되었다. 그리고 삶의 마지막 6년을 세인트헬레나섬에 유배되어 지내다가 생을 마감했다. 전해지는 이야기에 따르면, 나폴레옹이 사망하자 라레는 군의관 복장을 갖춰 입고 바닷가로 나가 그의 시신을 거두었다고 한다. 나폴레옹은 죽기 전에 그에게 막대한 유산을 남겼다. 10만 프랑이라는 어마어마한 돈이었다. "군의관 라레 남작에게 10만 프랑을 남긴다. 그는 내가 만났던 사람 중에서 가장 훌륭한 남자다." 라는 말도 남겼다고 한다.

나폴레옹이 죽고 나서도 라레는 계속 군의관으로 일하다가 76세에 세상을 떠났다. 프랑스인들은 라레의 이름을 개선문에 새겨 그의 업적을 기리고 있다.

200년 전 유럽의 전장에서 시작된 라레의 응급의학은 이제 앰뷸런스, 헬기 등의 다양한 형태로 발전해 수많은 환자의 목숨을 구하고 있다.

한 걸음 더

닥터헬기와 골든타임

닥터헬기는 큰 부상을 당한 응급환자를 신속하게 치료하고 병원까지 옮기기 위해 사용하는 헬기다. 하늘을 날아다니기에 '날아다니는 응급실'이나 '에어 앰뷸런스' 라고도 부른다.

환자가 심한 부상으로 피를 너무 많이 흘리거나 갑작스러운 심장마비, 뇌출혈 등으로 목숨이 위태로운 상황에 놓이면 1분이라도 빠른 응급처치가 필요하다. 닥터헬기는 일반 구급차가 접근하기 어려운 산간 지역, 병원과 멀리 떨어져 있는 시골 마을과 같은 응급의료 취약 지역에 출동하기 위해 만들어졌다. 이러한 지역에 환자가 발생했다는 신고가 들어오면, 닥터헬기는 5분 내로 의료진을 태우고 사고 지역으로 출발한다.

의료진은 현장에서 최소한의 응급처치를 마친 다음 환자를 닥터헬기에 태워 외상센터로 이송한다. 국내의 한 권역외상센터 건물은 특별히 굵은 기둥으로 세워져 있는데, 이는 엔진이 2개 달린 쌍발헬기가 착륙하거나 이륙할 때 그 무게를 떠받칠 수 있어야 하기 때문이다. 요즘에는 많은 부상자를 한번에 이송하기 위해 쌍발헬기를 닥터헬기로 사용하기도 한다.

우리나라에는 2011년에 처음으로 닥터헬기가 도입되었고 2021년 현재 7대가 운영되고 있으며, 지금까지 1만여 명의 환자를 이송해 왔다. 하지만 언제 어디서 응급환자가 발생하든 골든타임 안에 환자를 치료하고 이송하려면 지금의 닥터헬기와 응급의료 시스템으로는 여전히 부족하다는 지적이 나온다. 골든타임은 응급환자의 목숨을 살릴 수 있는 최소한의 시간을 가리키는 말이다. 증상이 얼마나 심각한지에 따라 다르지만 보통 1시간 내에 응급 치료가 이루어져야 함을 뜻한다.

혈관외과

7

혈액형을 처음으로 발견하다

카를 란트슈타이너

카를 란트슈타이너

Karl Landsteiner

1868-1943

오스트리아의 병리학자.

사람의 혈액형을 처음으로 분류해 10억 명 이상의 생명을 구했다.

그 공로로 1930년 노벨생리의학상을 받았다.

오늘날 혈액형은 누구나 아는 상식으로 통한다. A형은 소심하고, AB형은 천재 아니면 바보라는 식으로 성격을 네 가지 혈액형으로 분류하기도 한다. 물론 혈액형별 성격에는 과학적인 근거가 전혀 없다.

그런데 20세기 초까지만 해도 혈액형이라는 개념이 없었다. 아니, 인간의 피에 종류가 있을 것이라는 생각 자체를 하지 못했다. 동물의 피, 인간의 피 정도로만 구분하는 게 고작이었다.

150년 동안 수혈이 금지되었던 이유

흔히 우리 몸이 피와 살로 이루어져 있다고 말한다. 그만큼 피는 우리 몸에서 중요하다. 1682년 영국의 의사 윌리엄 하비(William Harvey)는 혈액이 혈관을 따라 순환한다는 사실을 처음 밝혔다. 온몸 구석구석을 돌며 영양분과 산소를 공급하는 피는 우리가 생명을 유지하기 위해서 반드시 있어야 한다.

사람이 부상을 입는다고 반드시 죽지는 않는다. 사망하는 결정적인 원인은 피를 너무 많이 흘리는 것이다. 목숨이 위태로운 상황에 꼭 필요한 것이 부족한 피를 공급하는 수혈이다. 이때 혈액형은 수혈을 위해 반드시 필요한 정보다. 만약 환자가 자신의 혈액형과 맞지 않는 피를 받는다면 매우 위험해진다. 피가 엉키는 현상이 일어나기 때문이다.

그런데 과거에는 혈액형을 몰랐기 때문에 수혈하는 과정에서 많은 환자가 죽었다. 환자가 죽는 이유를 전혀 알지 못했던 의사들은 생명을 철저히 운에 맡기는 수밖에 없었다.

의사들은 처음에는 동물의 피로 수혈을 연구했다. 1665년 영국 의사 리처드 로워(Richard Lower)가 개의 동맥에 다른 개의 정맥을 연결한 후 혈액을 주입하는 최초의 수혈 실험에 성공했다.

이 실험 결과를 바탕으로 프랑스의 장 드니(Jean Denis)가 1667년 양의 피를 15세 소년에게 수혈했으나 소년은 사망했다. 동물의 피를 사람에게 수혈하다니, 오늘날의 의학 지식에 비추어 보면 당연히 사람이 죽을 수밖에 없다.

이런 식으로 수혈받은 환자가 사망하는 사례가 계속 나타나자 파리의 의사회는 아예 수혈 실험 금지령을 내렸다. 이후 수혈은 150년 동안이나 금지되었다.

이후 오랜 세월이 지나고 나서야 사람 간의 수혈을 시도한 의사가 나왔다. 1818년 영국의 산부인과 의사 제임스 블런델(James Blundell)은 아이를 낳고 피를 흘리는 산모에게 조수의 피를 8온스 정도 수혈했다. 하지만 여전히 수혈은 위험한 행위였다. 수혈을 하고 나면 어떤 환자는 건강을 되찾았지만, 어떤 환자는 혈압이 떨어지고 열이 나는 등 심각한 부작용을 겪었다. 그 이유가 혈액형이 달라서라는 사실을 처음 밝혀낸 사람이 바로 32세의 젊은 과학자였던 카를 란트슈타이너다.

혈액을 네 가지 종류로 구분하다

란트슈타이너는 오스트리아 빈에서 신문 기자의 아들로 태어나 빈대학교에서 의학을 공부하고 의사가 되었다. 그런데 그는 환자를 직접 돌보고 치료하는 것보다 실험실에서 연구하는 데 더 많은 흥미를 느꼈다. 그래서 대학에서 다시 화학과 병리학을 전공했다.

그는 빈대학교의 병리해부학 연구소에서 조교로 일하며 실험하던 중 1900년에 신기한 현상을 발견했다. 여러 사람의 피를 섞어 보니 서로 엉겨 붙었다. 한 사람의 **혈청**(피를 굳게 하는 성분을 분리한 피)을 다른 사람의 혈청과 섞으면 **적혈구**(핏속에 있는 성분으로 산소를 운반하는 역할을 한다)가 서로 뭉쳐서 크고 작은 덩어리를 이루었다. 그런데 이상하게도 이런 반응이 항상 관찰되지는 않았다. 어떤 경우에는 아무리 피를 섞어도 마치 같은 사람의 것처럼 아무런 반응이 일어나지 않았다. 어떻게 된 일일까? 그는 그 이유를 알아내기로 결심했다.

혹시 혈액의 종류가 다르기 때문에 일어나는 반응은 아닐까? 그는 자신과 동료들의 피로 먼저 실험했다. 여러 가지 실험과 분류를 거듭한 끝에 모든 사람의 피를 세 가지 종류로 나눌 수 있었다. 1901년에 그는 사람의 혈액형이라면 A형과 B형, 그리고 C형으로 나뉠 수 있다고 발표했다. C형은 나중에 O형으로 이름이 바뀌었다. 1902년에는 그의 제자인 알프레드 폰 데카스텔로(Alfred von Decastello)와 아드리아노 스털리(Adriano Sturli)가 AB형이라는 또 하나의 혈액형이 있다는 사실을 밝혀냈다.

혈액형을 나누는 기준은 **항원**이다. 항원이란 면역 반응을 일으키는 물질로, 혈액형마다 항원이 다르다. 적혈구가 A항원을 가지고 있으면 A형, B항원을 가지고 있으면 B형, A항원과 B항원을 모두 가지고 있으면 AB형, 이 두 항원이 모두 없으면 O형으로 분류한다. A항원을 지닌 A형의 몸속으로 B형 혈액이 들어가면 B항원을 이물질로 인식해 피가 엉긴다. 마찬가지로 B형에게 A형 혈액을 주입해도 이물질에 대한 거부 반응으로 피가 엉긴다. AB형은 A항원과 B항원을 둘 다 가졌으므로 어떤 피를 수혈하더라도 피가 엉기지 않는다. 반대로 항원이 전혀 없는 O형은 어떤 혈액형에게도 피를 줄 수 있다. 하지만 수혈받는 것은 O형끼리만 가능하다. 란트슈타이너가 처음에 C형이라는 이름을 썼다가 나중에 O형으로 바꾼 것도 항원 반응이 영(0, zero)이라는 뜻에서였다.

이렇게 혈액의 종류를 구분하기까지 숱한 시간과 노력이 필요했다. 그는 깨어 있는 시간의 90퍼센트를 연구에 전념했으며, 평생 364편의 논문을 발표했다. 빈대학교에서 10년 동안 부검한 시신은 총 3,639구에 달해 '검시관'이라는 별명도 얻었다.

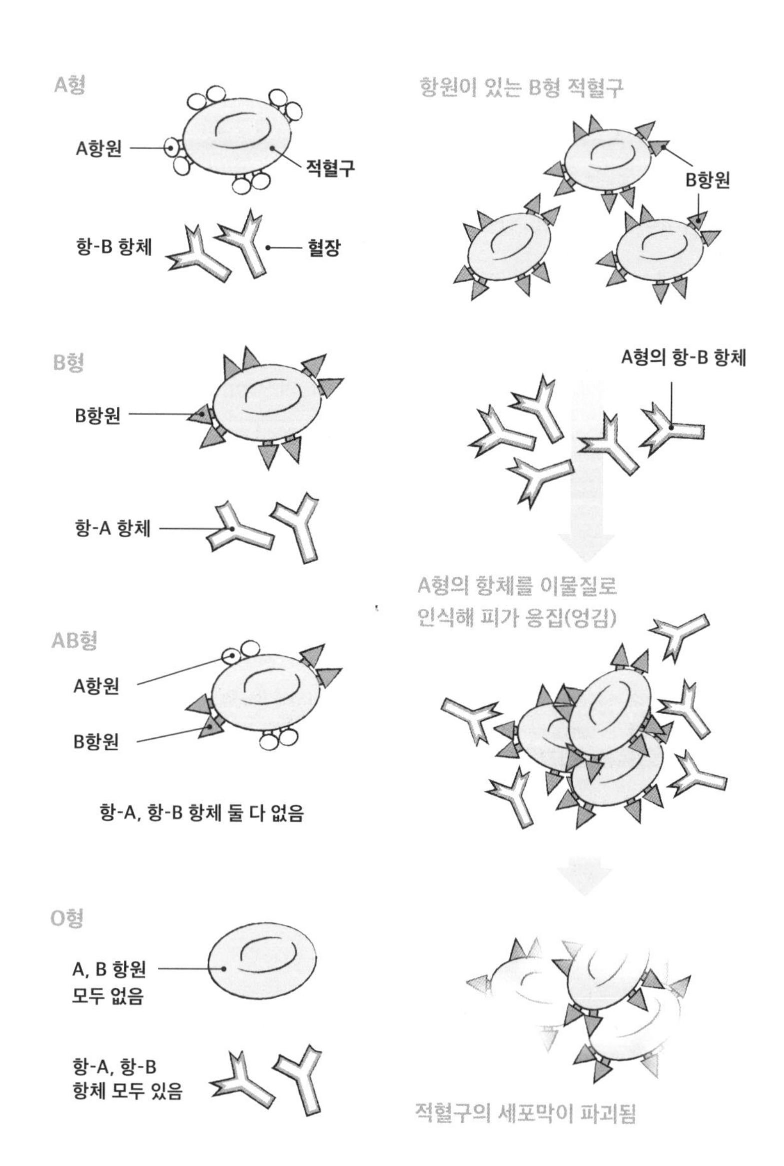

항원에 따라 달리 나타나는 혈액의 응집 반응

란트슈타이너가 쓴 혈액형에 관한 논문은 인류의 운명을 바꾼 매우 중요한 발견이었다. 그런데 그의 논문은 가장 늦게 세상에 알려진 연구로 꼽히기도 한다. 그는 무려 30년이나 지나서야 공로를 인정받아 노벨생리의학상을 수상했다. 수혈에 대한 거부감과 공포가 수백 년 동안 의학계에 퍼져 있었기에 혈액형을 이용한 수혈에 바로 수긍하는 사람이 많지 않았기 때문이다. 게다가 그의 논문은 독일어로 쓰여 있어서 쉽게 이해하기도 어려웠다.

오스트리아는 제1차 세계대전에서 패전국이 되어 경제가 급격하게 얼어붙었다. 란트슈타이너도 해부실을 전전하며 어렵게 생계를 이어나가야만 했다. 그러다가 다행스럽게도 1923년에 미국 록펠러의학연구소에서 면역학 연구를 하자는 제안이 들어와 실험을 계속할 수 있었다. 이렇게 해서 그는 1920년대에 미국에서 연구를 계속하면서 나라마다 다르게 표기하던 혈액형을 A, B, AB, O형으로 통일하자는 주장을 펼쳤다. 몇 년이 지나 이 명명법을 정착시킬 수 있었다. 또한 혈액형의 중요성이 알려짐에 따라 미국에서는 수혈하기 전에 피의 샘플을 채취해 응집이 일어나는지 확인하는 교차시험도 도입되었다.

교차시험은 주는 피와 받는 피를 섞었을 때의 반응을 미리 점검해서 수혈의 안전성을 더욱 높일 수 있다. 예를 들어 이런 상황에서 매우 유용하다. 교통사고로 혈압이 떨어진 환자가 B형 혈액과 함께 구급차에 실려 외상센터로 왔을 때, 가져온 혈액을 그대로 수혈해도 좋을

란트슈타이너의 혈액형 연구는 10억 명 이상의 생명을 구했다.

까? 정답은 즉시 어떤 혈액형에도 안전한 O형 혈액으로 대체하고 다시 혈액형 교차검사를 시행하는 것이다.

란트슈타이너는 1940년에는 다른 연구자들과 함께 혈액을 구분하는 또 다른 중요한 요소인 **Rh 인자**도 발견했다. Rh 인자는 인도의 리서스 원숭이(Rhesus Monkey)의 혈액에서 처음 발견되어 리서스 인자라고도 부른다. 이 인자에 대한 항원이 있으면 Rh+형 혈액이며, 항원이 없으면 Rh-형 혈액으로 분류한다. 이외에도 적혈구 항원의 종류는 수백 종 이상이다. 그에 따라 지금껏 밝혀진 혈액형의 종류도 수백 가지나 된다.

이렇게 혈액 분류법이 더욱 자세해지면서 수혈과 수술의 성공 확률도 획기적으로 높아졌다. 그래서 란트슈타이너를 외과의 구세주라고 부른다. 그의 혈액형 발견은 지금까지 약 10억 명 이상의 생명을 구한 것으로 추산된다.

응고를 막기 위한 노력

혈액형 외에도 수혈에서 핵심이 되는 부분이 있다. 바로 응고를 막는 일이다. 피는 몸 밖으로 나오면 즉각 굳어 버리기 때문에, 과학계에서는 이를 막는 물질인 항응고제를 찾으려는 노력을 계속했다.

섬유소원은 핏속에서 혈액을 응고시키는 단백질이다. 처음에 과학자들은 중탄산나트륨이나 인산나트륨으로 섬유소원을 없애려고 했으나 만족스럽지 못했다. 1914년에는 구연산나트륨이 응고를 막는다는 사실이 밝혀졌지만, 응고를 막으려면 많은 양이 필요했다. 그래서 구연산 나트륨으로는 혈액이 묽게 희석될 수밖에 없었다. 그러다가 1916년 프랜시스 라우스(Francis Rous)와 제임스 터너(James Turner)가 소금, 동위구연산염, 포도당을 섞어 항응고보존제를 만드는 데 성공했다. 이것은 제1차 세계대전 때 수혈에 이용되어 수많은 전상자를 구할 수 있었다. 그리고 1939년 미국에서는 혈장에 포함된 단백질을 분리해서 가루 형태의 혈장을 만드는 기술도 개발되었다.

1943년에는 더욱 효과적이면서 실용적인 방법이 개발되었다. 존 루티트(John Loutit)와 패트릭 몰리슨(Patrick Mollison)은 혈액이 희석되는 현상이 적은 항응고제인 ACD를 만들어 혈액을 21일간이나 보존했다. 1957년에는 한층 더 효과적인 CPD라는 항응고제가 개발되었고, 최근에는 여기에 아데닌을 첨가한 CPD-A1이 개발되어 적혈구를 35일 동안 보관할 수 있게 되었다.

오늘날 외과 의사들이 두려움 없이 환자에게 수혈하고 생명을 구할 수 있는 것은 이처럼 여러 의학자가 노력한 결과다.

한 걸음 더

전쟁에서 발전한 수혈 방법

전쟁은 많은 사람의 삶의 터전을 무너뜨리고 생명을 앗아갔다. 그런데 역설적으로 외과가 발전하는 데 큰 역할을 했다. 군의관들은 전장에서 직접 경험한 것을 바탕으로 다양한 치료 방법을 개발했다. 수혈 방법도 그중 하나였다.

제2차 세계대전 때는 주로 직접수혈 방법을 사용했다. 환자의 침상 옆에 누운 헌혈자에게서 50~100밀리리터 정도의 피를 직접 뽑아 바로 수혈하는 방법이었다.

그러다가 1950년대에 발발한 한국전쟁 때는 항응고제를 사용해 미리 보관한 피로 수혈하는 것이 가능해졌다. 미군 의료진은 미국 본토에서 공수한 혈액을 군인들에게 수혈했다. 이는 우리나라에서도 본격적으로 수혈이 이루어지는 계기가 되었다.

피의 온도도 안전한 수혈에 중요한 역할을 한다. 차가운 혈액을 빠른 속도로 수혈하면 어떤 환자에게는 심장에 부담을 줄 수 있다. 하버드대학교의 생리학자 월터 캐넌(Walter Cannon)은 사람의 몸이 늘 일정한 상태(항상성)를 유지한다는 자신의 학설에 따라 피도 신체의 온도에 맞게 데워서 수혈해야 한다고 주장했다. 한국전쟁 때 군의관들은 이렇게 피를 데우는 수혈을 시도했다. 그들은 냉장 보관한 혈액을 수혈 직전에 데워 환자를 더욱 안전하게 치료할 수 있었다. 또한 그들은 수혈이 혈관수축제보다 환자의 혈압을 안정적으로 유지하는 데 더 효과적이라는 것도 경험으로 밝혀냈다.

이처럼 전장의 군의관들은 기존의 치료법을 답습하지 않았으며, 현장에서 얻은 지혜로 많은 목숨을 구했다.

내분비내과

8

당뇨병 치료의 열쇠를 만들다

프레더릭 밴팅

프레더릭 밴팅

Frederick Banting

1891-1941

캐나다의 내과 의사. 당뇨병 치료의 핵심인 인슐린을
세계 최초로 추출하는 데 성공했다. 인슐린 주사를 개발한 공로로
1923년 노벨생리의학상을 받았다.

싱가포르에서 열리는 학회에 가던 길이었다. 내가 비행기에서 식사를 하고 막 눈을 붙이려는 참에 급히 의사를 찾는다는 방송이 나왔다. 승무원을 따라가 보니 한 중년의 백인 여성이 의식을 잃고 복도에 쓰러져 있었다. 휴대용 산소통을 든 비행기 사무장 옆에서 한 백인 의사가 쭈그리고 앉아 "내 말 들려요?"라며 환자의 의식을 확인하고 있었다. 그는 방사선 기기 회사에서 일하는 내과 의사라고 했다. 우리는 구토물을 닦아 내고 기도를 확보했다. 그러다가 백인 의사가 환자의 옷 밑에서 담뱃갑만 한 크기의 기기를 찾았다. 그건 **인슐린** 펌프였다. 우리는 이 환자의 증상을 인슐린을 너무 많이 투여해 생긴 '저혈당증'으로 진단하고 당이 들어 있는 주스를 처방했다. 한 시간쯤 지나자 다행히 환자는 의식을 회복하고 자리에 앉을 수 있었다. 한국에서 영어를 가르친다는 그 여성은 **당뇨병** 환자였으며, 우리에게 고맙다고 했다. 이렇게 외과 의사와 내과 의사는 한 팀이 되어 응급 환자를 구했다.

그날 진단에 단서를 줬던 인슐린은 우리 몸이 당을 저장하거나 사용할 수 있게 하는 호르몬으로, 당뇨병 환자에게 반드시 필요하다. 이 치료제를 처음 개발한 의사는 누구일까?

소변에서 단맛이 나는 병

당뇨병(糖尿病)은 이름 그대로 오줌에 당이 섞여 나오는 병이다. 당뇨병의 의학명인 'diabetes mellitus'도 '빠져나가다'라는 뜻의 그리스어인 'diabetes'와 '달콤하다'는 뜻을 가진 라틴어인 'mellitus'를 합친 것이다. 1세기경 로마의 외과 의사였던 셀수스와 2세기 터키의 의사였던 아레테우스는 소변을 많이 보고 심한 갈증을 느끼며 몸무게가 급격하게 빠지는 증상을 자신들의 저서에서 묘사했다. 이것이 바로 오늘날의 '당뇨병'이다. 이처럼 이 병은 오래전부터 알려져 있었지만 구체적인 이름이 붙은 것은 훨씬 나중의 일이다. 17세기에 영국의 의사 토머스 윌리스(Thomas Willis)는 환자의 소변에 당과 같은 물질이 포함되어 있다는 사실을 발견했다. 그는 환자의 소변에서 설탕이나 벌꿀처럼 단맛이 난다는 이유로 당뇨병이란 이름을 만들었다.

그렇다면 당뇨병은 왜 생길까? 당뇨병은 우리 몸이 에너지로 쓰이는 포도당을 정상적으로 이용하지 못할 때 생긴다. 밥을 먹어 섭취한 탄수화물은 당으로 변해 핏속으로 보내진다. 이때 **이자(췌장)**에서 분비되는 인슐린이라는 호르몬이 세포가 당을 에너지로 사용하거나 저장하도록 도와준다. 그런데 이자가 망가져 인슐린이 제대로 나오지 않으면 당이 제대로 쓰이지 못하면서 여러 가지 장애가 나타난다. 핏속에 당이 넘쳐 소변으로 빠져나가고 갈증이 심해진다. 또한 세포에 에너지가 공급되지 않는 탓에 오래 굶은 사람처럼 온몸에 힘이 없어진다. 이러한 당뇨병이 심해지면 다른 병이 잇따라 일어나기도 한다. 망막의 미세혈관이 망가져 실명이 되기도 하고 혼수상태에 빠지기도 하며 심할 경우 죽기까지 한다.

당뇨병의 원인을 찾기 위한 노력

1889년 독일의 요제프 폰 메링(Joseph von Mering)과 오스카 민코브스키(Oscar Minkowski)가 당뇨병의 원인에 대한 큰 단서를 찾았다. 그들은 개를 이용해 동물의 내장이 어떤 기능을 하는지 알아내는 실험을 했다. 그런데 개에게서 이자를 떼어 내고 나서 보니 신기한 현상이 보였다. 개의 소변 주위에 파리 떼가 우글우글 모였다. 이자가 없어져서 당뇨병에 걸린 개의 소변에는 포도당이 많이 들어 있었고, 이 포도당의 단맛에 이끌려 파리들이 몰린 것이었다. 이뿐만 아니라 수술한 개는 사람에게 나타나는 급성 당뇨병 증세와 아주 비슷한 증상을 보였다. 핏속 당의 양이 늘어나고 독성으로 죽는 것까지 비슷했다.

이렇게 해서 이자가 제대로 기능하지 못하면 당뇨병에 걸린다는 사실이 밝혀지자 당뇨병 연구에는 활기가 띠었다. 영국의 생리학자 에

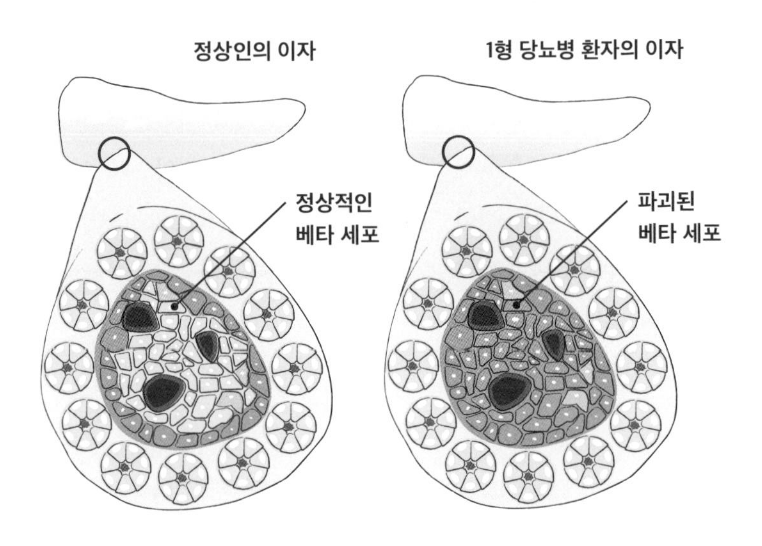

정상인(왼쪽)과 1형 당뇨병 환자(오른쪽)의 이자. 1형 당뇨병 환자의 경우 랑게르한스섬 안에서 인슐린을 분비하는 베타 세포가 파괴되어 있다.

드워드 샤피-셰이퍼(Edward Sharpey-Schafer)는 1910년 이자의 **랑게르한스섬**에 이상이 생기면 당뇨병이 생긴다는 것을 발견했다. 랑게르한스섬은 1869년 독일의 의대생 파울 랑게르한스(Paul Langerhans)가 처음 발견한 세포 조직이다. 샤피-셰이퍼는 랑게르한스섬에서 당뇨병과 연관된 물질이 분비되는 것으로 추측하면서 이 물질에 인슐린이라는 이름을 붙였다.

하지만 아직 몇 가지 과제가 더 남아 있었다. 1908년 독일의 의사

게오르그 주엘처(Georg Zülzer)는 이자의 추출물을 뽑아 환자에게 투여하는 실험을 했다. 처음에는 약간의 효과가 있었지만 이내 부작용이 나타났다. 어떤 이유에서였을까? 이자의 추출물에는 인슐린을 생성하는 베타(β)세포뿐만 아니라 단백질성 호르몬인 **글루카곤**을 분비하는 알파(α) 세포가 함께 들어 있었다. 인슐린은 혈당을 낮추는 반면 글루카곤은 혈당을 높인다. 이 둘이 섞인 추출물은 당 수치를 낮춰야 하는 당뇨병 환자에게 별 도움이 되지 못한 것이다.

당뇨병 환자에게 효과가 있으려면 인슐린만을 분리할 수 있어야 했다. 이것을 처음으로 해낸 사람이 바로 프레더릭 밴팅이다.

이름 없는 의학도가 세운 새로운 가설

캐나다의 토론토대학교를 졸업한 젊은 의학도 밴팅은 치료가 불가능하다고 여겨지는 병의 원인을 끈기 있게 탐구하는 것에 관심이 많았다. 제1차 세계대전 때는 군의관으로 참전했다. 큰 부상을 당해 팔다리를 절단할 뻔했는데도 현장에서 일하는 것을 고집해 1919년 전쟁공로 십자훈장을 받은 열정적인 의사였다.

전쟁이 끝난 다음에는 웨스턴온타리오 대학교의 프레더릭 밀러(Frederick Miller)교수 밑에서 조교로 근무하다가 당뇨병에 관심이 생겼다. 1920년 11월의 어느 날, 그는 랑게르한스섬에서 분비되는 물질이 당뇨병과 관련되어 있다는 내용의 논문을 읽었다. 이 글을 읽다가 "그

물질을 추출하기 어려운 이유는 혹시 이자액에 있는 다른 성분 때문이 아닐까?"라는 의문을 품었다. 그는 이자가 인슐린뿐만 아니라 단백질을 분해하는 효소인 트립신도 분비한다는 것을 알게 되었다. 그래서 "만일 이자관을 묶어 트립신이 나오는 것을 막는다면 랑게르한스섬에서 분비되는 그 물질을 추출할 수 있지 않을까?"라는 가설을 세웠다.

밴팅은 즉각 움직였다. 조교로 일하던 웨스턴온타리오 대학교에 당뇨병을 연구하고 싶으니 실험실을 사용하게 해달라고 부탁했다. 그러나 학교에서는 이름 없는 의학도일 뿐이었던 밴팅에게 실험실을 내어주지 않았다.

그는 포기하지 않고 이번에는 모교로 찾아갔다. 밀러 교수의 소개를 받아 토론토대학교의 존 매클라우드(John Macleod) 교수를 찾아갔다. 당시 매클라우드는 생물체가 생명 유지에 필요한 물질이나 에너지를 생성하고 배출하는 활동인 **신진대사** 연구의 세계적인 권위자였다. 밴팅은 매클라우드에게 자신의 가설을 설명하고 실험실과 실험장비, 실험동물을 지원받는 데 성공했다. 밴팅의 가설이 설득력이 있다고 판단한 매클라우드는 실험용 개에게 당뇨병을 일으키는 방법과 이자관을 묶는 법도 알려 주었다. 또한 혈액과 소변 속 당을 연구하던 대학원생 찰스 베스트(Charles Best)를 조수로 붙여 주었다.

1921년 5월부터 밴팅과 베스트는 당뇨병이 있는 개를 대상으로 오랫동안 실험했다. 개의 이자를 없앤 다음 이자에서 나온 추출물을 다시 투입해 개가 계속 살 수 있는지 살펴보았다. 91마리까지 아무런 효과를 얻지 못했다. 그러다가 92번째로 실험한 개에게서 마침내 효과가

밴팅(오른쪽)과 그의 동료 베스트(왼쪽)는 92번째 실험에서
인슐린의 효과를 증명하는 데 성공했다.

나타났다. 개에게 랑게르한스섬에서 추출한 물질을 주사했더니 몇 시간 후에 제 발로 일어서서 꼬리를 흔들었다. 꿈만 같은 성과였다.

밴팅은 이 물질을 세포섬에서 만들진다는 뜻에서 '아일레틴(isletin)'으로 이름 지었다. 그는 도살한 소의 이자에서 개를 치료하는 데 충분한 아일레틴을 얻을 수 있었다. 매클라우드는 이 아일레틴이 샤피-셰이퍼가 추측한 물질과 같으니 선배 연구자가 지은 대로 이름을 인슐린으로 바꾸자고 했다.

인슐린 추출에 성공하다

1922년 1월 밴팅은 심한 당뇨병을 앓는 14세 소년에게 처음으로 인슐린을 투여했다. 피와 소변 속 당이 일시적으로 줄어들었으나 주사 부위에 종기가 생겨 주사를 계속 놓을 수 없었다. 매클라우드는 이런 부작용이 추출물이 완전히 정제되지 않았기 때문이라고 판단했다. 그래서 생화학자 제임스 콜립(James Collip)에게 추출물을 깨끗하게 정제해 달라고 부탁했다. 콜립은 밴팅과 베스트가 만든 물-알코올 추출액에 다시 몇 배의 순수한 알코올을 가해 인슐린을 순수하게 분리하는 데 성공했다. 이 인슐린을 톰슨에게 주사하자 소년의 병세는 빠르게 나아졌다.

효과가 드러나자 밴팅과 매클라우드는 토론토대학병원에 입원하고 있었던 50명의 당뇨병 환자에게 인슐린을 주사했다. 그랬더니 46명의 증세가 호전되었다. 대부분의 환자에게서 효과를 본 것이다. 이 소식이 알려지자 많은 당뇨병 환자가 병원에 몰려들었다. 이렇게 해서 그들은 몇 달 동안에 수백 명의 생명을 구할 수 있었다. 인슐린으로 많은 환자를 구하고자 했던 밴팅은 1달러 50센트라는 헐값으로 인슐린을 그의 대학에 팔았다.

1923년 밴팅과 매클라우드는 인슐린을 분리한 공로로 노벨생리의학상을 받았다. 밴팅은 자신이 받은 노벨상 상금 중 절반을 실험을 함께한 동료인 베스트와 나누었다. 매클라우드도 인슐린 분리 작업을 도운 콜립과 상금을 똑같이 나누었다.

노벨상을 받았을 때 밴팅은 겨우 32세의 젊은 나이였다. 캐나다 정부로부터 엄청난 액수의 연금을 지급받고, 영국 왕실의 기사 작위를 받는 영광을 누리기도 했다. 그러나 그는 제2차 세계대전에 소령으로 참전해 임무를 수행하다가 1941년 2월 뉴펀들랜드에서 비행기 사고로 짧은 생을 마감했다.

당뇨병에 걸리면 몸의 수분이 자꾸 빠져나가며 호흡이 힘들어지고, 심할 경우에는 혼수상태에 빠지기도 한다. 인슐린이 개발되기 전까지는 이런 환자를 도울 방법이 아무것도 없어서 속수무책으로 환자의 사망을 지켜볼 수밖에 없었다. 그러나 여러 과학자의 노력으로 상용화된 인슐린 덕택에 오늘날 당뇨병은 충분히 관리할 수 있는 병이 되었다.

이제는 당뇨병 환자의 수명을 연장하는 것에서 나아가 삶의 질을 높이기 위한 노력이 이루어지고 있다. 예를 들어 성형외과에서는 당뇨병 때문에 발의 피부가 허는 당뇨발을 치료하기 위해 애쓰고 있다.

밴팅은 어렵게 개발한 인슐린 주사를 1달러 50센트라는 헐값으로 대학교에 넘겼다.

밴팅은 2004년에 캐나다 방송(CBC)이 캐나다인들을 대상으로 한 설문조사 '가장 위대한 캐나다 인물'에서 4위에 올랐다. 이런 밴팅도 한때는 아무도 주목하지 않은 의학도였다. 그의 가설을 지지하는 이들이 없을 때 그가 포기했다면, 인슐린 주사를 개발하는 과정은 훨씬 더 험난했을지도 모른다.

1923년 밴팅과 매클라우드의 노벨상 시상식에서 노벨상위원회의 위원장은 다음과 같은 말로 축사를 마무리했다.

"좋은 환경이 탁월한 성과를 낳는다고 말할 수도 있습니다. 그러나 '하늘은 스스로 돕는 자를 돕는다'는 파스퇴르 박사님의 말을 우리는 기억해야 합니다."

한 걸음 더

당뇨병 치료의 발전

인슐린에 관한 연구는 밴팅 이후에도 계속되었다. 1936년에는 프로타민을 첨가한 인슐린이 개발되어 약물의 작용 시간이 늘어났다. 1938년에는 프로타민 인슐린에서 아연을 없앤 1일 1회 주사용 인슐린도 개발되었다.

1963년에는 미국의 의사 아널드 카디시(Arnold Kadish)가 인슐린 펌프를 발명해 환자에게 수시로 인슐린을 투여할 수 있게 했다. 그런데 그가 개발한 펌프는 등에 지고 다녀야 할 정도로 크기가 매우 컸다. 그러다가 1976년에 미국의 발명가 딘 카멘(Dean Kamen)이 마이크로칩을 사용하는 소형 인슐린 펌프를 고안했다.

인슐린을 추출하는 방법도 발전했다. 1980년대 이전까지만 해도 인슐린은 사람이 아닌 동물에게서, 그중에서도 주로 소나 돼지의 이자에서 추출했다. 그러나 이 방법으로는 8킬로그램의 이자에서 1그램의 인슐린밖에 추출할 수 없었다. 또한 소나 돼지의 인슐린이 사람의 것과 같지 않아 예기치 않은 부작용을 일으키기도 했다.

그러다가 1982년부터는 사람의 인슐린 유전자를 대장균 안에 끼워 넣는 '유전자 재조합 기술'을 이용해 인슐린을 대량으로 만들 수 있게 되었다. 유전자 재조합 기술이란 한 생물의 DNA(유전자의 본체)를 분리한 다음, 그 자리에 원하는 기능을 가진 다른 생물의 DNA를 연결해 새로운 DNA를 만들어 내는 기술이다. 서로 다른 두 종류의 유전자를 재조합한 후 다른 세포에 집어넣으면 새로운 유전자 조합을 가진 생물체를 인위적으로 만들 수 있다. 오늘날에는 이 방법으로 인슐린, 인터페론 등의 유용한 단백질을 대량으로 생산한다.

의공학과

9

수술실의 필수품, 보비를 만들다

윌리엄 보비

윌리엄 보비

William Bovie

1882-1958

미국의 과학자이자 발명가.

근육의 수축을 일으키지 않고 조직을 자를 수 있는

고주파를 이용해 '보비'라고 불리는

전기수술기를 만들었다.

많은 돈과 후세에 이름이 남는 명예 중에 하나만 골라야 한다면 어느 것을 선택해야 할까? 훌륭한 업적을 남기고도 가난한 삶을 산 의공학자를 소개한다.

어느 수술실이건 간에 **보비**를 사용하지 않는 곳은 없을 것이다. 보비는 전기수술기인데, 발명가인 윌리엄 보비(William Bovie)의 이름을 딴 제품명이 도구의 이름으로 굳어졌다. 지프차, 봉고차, 스카치테이프, 초코파이, 미원처럼 원래는 특정 회사에서 나온 제품의 이름이 보통명사가 된 경우다.

보비는 볼펜처럼 생겼다. 의사는 보비를 펜으로 글씨를 쓰듯이 가볍게 쥐고 사용한다. 보비의 끝부분은 보비팁이라고 부르는데, 여기에서 잉크 대신 고주파가 나온다. 몸통에는 버튼이 2개 있다. 하나는 조직을 자를 때 누르고, 다른 하나는 지혈할 때 누른다. 빠르고 촘촘하며 높은 에너지의 파장을 쓰면 조직을 자를 수 있다. 느리고 약한 파장을 조금씩 쓰면 피를 멈출 수 있다.

수술실에서 주고받는 신호, '보비 온'

'보비'는 수술 도구를 가리키는 이름인 동시에 수술실에서 의사들이 자주 주고받는 신호이기도 하다. 의사는 수술하는 중에 출혈이 생기면 그곳을 끝이 뾰족한 보석집게로 잡고 "코(co, coagulation)"라고 말한다. 그러면 곁에서 보조하는 레지던트가 즉시 "보비 온(Bovie On)"이라고 답하면서 집게에 보비의 끝부분을 접촉한다. 그러면 전기를 공급하는 기계 본체에서 '삐' 소리가 나고, 보비 끝에서 나오는 전기가 피가 흐르는 부위를 지진다. 수 초 이상 지지면 살이 타는 냄새가 나기도 한다.

성형외과 의사인 나는 조직을 자를 때 보비팁을 자주 사용하지는 않는다. 그런데 골절된 턱뼈를 수술할 때는 얼굴 신경을 보호하기 위해 보비팁으로 넓은 목의 근육을 조금씩 자르기도 한다. 보비의 고주파를 이용하면 신경이 손상되는 것을 수월하게 막을 수 있기 때문이다.

보비는 매우 유용한 도구이지만 섬세하게 사용해야 한다. 조직을 잘라야 하는데 피를 응고시키는 버튼을 잘못 누르는 건 약한 고주파가 나오기에 크게 상관이 없다. 하지만 출혈이 있을 때 강한 고주파가 나오는 절개 버튼을 누르면 불난 집에 부채질하는 격이 된다. 인턴이 졸다가 버튼을 잘못 누르고 호되게 야단맞는 경우도 있다.

보비팁은 살짝 힘주어 잡아당기면 몸통에서 분리된다. 길이는 수

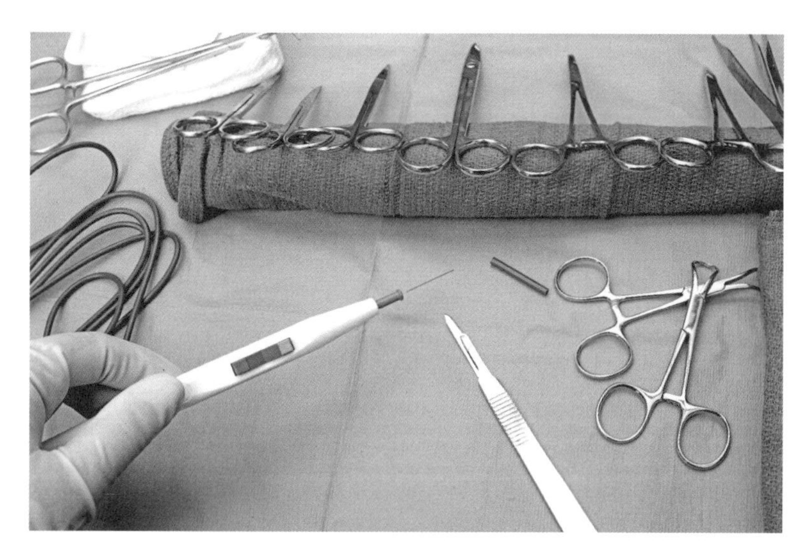

보비가 개발한 전기지혈기 '보비'는 오늘날까지도 수술실에서 꼭 필요한 도구다.

술 부위의 깊이에 따라 달리 사용할 수 있게끔 짧은 것, 중간 것, 긴 것으로 다양하다. 모양도 바늘형, 칼날형, 구슬형, 굽은형, 직선형 등 여러 형태가 있어서 상황에 맞게 바꿔서 사용할 수 있다. 펜같이 생긴 보비의 꼬리에는 전선이 연결되어 있고, 전선의 코드는 본체와 이어져 있다.

보비에는 전류가 흐르기에 혹시라도 생길 수 있는 감전 사고에도 대비해야 한다. 환자가 수술대에 누우면, 고주파가 환자의 몸 밖으로 안전하게 빠져나와 본체로 돌아올 수 있도록 전도성이 높은 알루미늄 패치(보비 플레이트)를 환자에게 붙인다. 스티커처럼 만들어진 접착 면의 필름을 떼어 내 환자의 몸에 붙인 다음 집게로 고정해서 본체에 연결한다. 주로 신경은 적고 근육과 지방이 많은 엉덩이나 허벅지, 종아리에 붙인다. 알루미늄에는 피부에 잘 붙으면서 화상을 막는 역할을 하는 젤이 발라져 있다. 이 패치의 접착 상태가 불량하면, 본체에서 알람이 울리며 기기의 작동이 멈춘다.

보비 없는 수술은 상상할 수 없다

이렇게 널리 쓰이고 있는 보비지만, 이 도구의 발명가에 대해 아는 사람은 많지 않을 것이다.

1882년 미국 미시간에서 물리학자의 아들로 태어난 보비는 가난한 청년 시절을 보냈다. 속기사로 일하며 학비를 마련했고 미국의 미주리대학교를 거쳐 하버드대학교에 입학해 식물생리학 박사학위를 받았다. 하버드에서는 라듐을 연구하기도 했는데, 라듐에서 나오는 방사선에 오래 노출되어 손을 다쳤다. 그는 이때의 부작용으로 평생 아픔에 시달려야 했다.

보비는 고주파를 사용하면 근육의 수축을 일으키지 않고 조직을 자를 수 있다는 사실을 깨닫고 이 원리를 이용해 전기 수술 장비를 발명했다. 그는 이 획기적인 장비를 누군가가 얼른 사용해 주길 바랐다. 같은 대학을 졸업한 동문이자 당대 최고의 신경외과 의사였던 하비 쿠싱(Harvey Cushing)에게 새로운 도구를 써보라며 권했다.

쿠싱은 제1차 세계대전 때 머리를 다친 환자들의 사망률을 29퍼센트나 낮춘 뛰어난 의사였다. 4개월간 219명의 부상병을 수술한 기록도 자세히 남겨 의학 발전에 크게 기여했다. 그는 죽은조직제거술, 방수봉합 등 현재까지도 널리 이용되는 외과 수술법을 개발했으며, 그의 이름을 딴 쿠싱증후군(Cushing syndrome, 부신피질에서 코르티솔이 과다하게 분비되어 비만, 고혈압 등의 증상을 보이는 질환)을 처음 발견한 의사이기도 하다.

신경을 다루기에 특히 섬세한 수술을 해야 하는 신경외과 의사에게 출혈은 엄청난 장애물이었다. 신경은 건드리지 않고 출혈을 빠르게 막는 보비의 발명은 쿠싱에게도 기뻐할 만한 소식이었다.

쿠싱은 1926년부터 본격적으로 보비를 사용했다. 초기에는 몇 가지 사고를 겪었다. 보비에서 나온 전류가 그가 다른 손에 쥐고 있던 수술 도구를 거쳐 팔과 수술용 헤드라이트로 옮겨간 것이다. 아찔한 감전 사고를 겪은 쿠싱은 '말도 못 하게 불쾌한 경험'이라며 투덜댔다. 보비에서 나오는 전기 때문에 마취제로 쓰이던 에테르 가스에 불이 붙어 화재로 이어질 뻔한 적도 있었다. 이렇게 전류가 다른 물체를 타고 흐르는 문제를 해결할 방법이 필요했다. 그래서 앞서 말한 알루미늄 패치를 추가로 만들게 되었다.

몇 가지 우여곡절을 겪었지만 쿠싱은 보비를 사용하면서 수술 시간을 획기적으로 줄였다. 더 나아가 뇌수술이 가능한 범위도 넓히는 성과를 거두어 '뇌수술의 선구자', '신경외과의 아버지'라고 불리게 되었다. 여기에는 보비가 만든 장비의 역할이 매우 컸다. 그때부터 의사들은 보비 없는 수술은 상상할 수 없을 정도가 되었다.

신경외과 의사 쿠싱은 보비를 이용해 수술 시간을 획기적으로 줄였다.

가난하게 살았지만 이름을 남기다

보비는 획기적인 수술 도구를 발명했는데도 돈에 관심이 없었다. 그는 그가 개발한 장치의 특허권을 의료기기 회사에 단돈 1달러만 받고 팔았다. 그래서 그는 만년에 가난하게 살았다.

그러나 사람들은 그가 개발한 수술 장비에 그의 이름을 붙였다. 전 세계 수술실에서는 하루에도 수백 번씩 그가 개발한 도구를 사용하면서 그 이름을 부르고 있다.

한 걸음 더

수술실에 꼭 필요한 도구들

수술실에 환자가 들어오면 가장 먼저 하는 일은 그 환자를 수술대에 눕히는 것이다. 이어 환자의 팔에는 혈압계를 감고, 가슴에는 심전도 전극을 붙이며 손가락에는 맥박과 산소를 측정하는 도구를 갖다 댄다. 이 도구들은 모두 환자의 상태를 살피는 가장 기본적이면서도 필수적인 장비들이다.

특히 중요한 도구는 '맥박 산소포화도 측정기'다. 아무리 간단한 시술이라도 이 측정기만은 꼭 부착하고 환자를 지켜본다. 맥박 산소포화도 측정기는 서로 다른 파장을 지닌 적외선과 자외선을 이용해 핏속에 산소가 충분히 있는지 측정하는 장치다. 정확하게는 혈중 산소포화도를 측정하는 것인데, 이는 핏속에서 산소와 결합한 헤모글로빈의 양이 전체 헤모글로빈의 양에서 차지하는 비율을 백분율로 바꾼 지표다.

맥박 산소포화도 측정기는 1987년 미국에서 전신마취로 수술할 때 처음 사용하기 시작했다. 수술실에서 먼저 사용되다가 회복실, 중환자실에도 널리 퍼졌다.

이 측정기는 신생아의 상태를 점검할 때 특히 필요하다. 갓 태어난 아기에게 산소가 부족하면 성장에 장애가 생길 수 있어 위험하기 때문이다. 아기가 산소를 너무 많이 공급받거나 그 양이 큰 폭으로 들쭉날쭉하는 것도 위험하다. 망막에 문제가 생겨 시력이 상할 수 있어서다. 신생아는 피를 뽑는 것도 힘들거니와 자주 채혈하면 빈혈이 생길 수도 있다. 이 장비가 신생아실의 필수품인 이유는 피를 뽑지 않고도 산소포화도를 확인할 수 있게 해주기 때문이다.

위장관외과

10

위내시경을 개발하다

우지 다쓰로

우지 다쓰로

Tatsuro Uji

1919-1980

일본의 외과 의사. 일본의 광학기기 회사인 올림푸스사와 협업해
사람의 위장 내부를 촬영하는 소형 카메라를 개발했다.
이는 위내시경의 상용화를 앞당겼다.

요즘 스트레스로 역류성 식도염이나 과민성 대장증후군을 앓는 환자가 많아졌다. 이런 환자들의 증상이 심하면 의사는 몸속을 관찰하는 카메라인 **내시경**을 이용해 장기 안쪽을 직접 살핀다. 40세 이상 성인을 대상으로 한 건강검진에는 대개 위내시경 검사가 포함되어 있다. 이와 같은 내시경은 누가, 언제 개발했는지 궁금하고 고맙기도 하다.

금속관으로 몸속을 관찰하려는 시도

내시경의 시초는 기원전 4세기까지 거슬러 올라간다. 고대 그리스에는 오랜 시간 말을 타고 다니느라 치질에 걸리는 환자가 많았다. 의사들은 환자의 항문 안쪽을 관찰해 불로 지져 치료했다. 지금처럼 장기 안쪽까지 살펴보는 기술은 없었지만, 도구를 삽입해 몸속을 관찰한다는 개념은 이때부터 생겼다.

18세기 독일의 의사 필리프 보치니(Philipp Bozzini)는 오늘날 내시경과 비슷한 도구를 만들었다. 손전등 같은 모양의 금속관을 만들어 '빛으로 보는 기계'라는 뜻의 '리히트라이터(Lichtleiter)'라는 이름을 붙이고, 이 도구를 요도와 직장, 목에 넣어 양초 불빛으로 관찰했다. 그는 자신의 발명품을 프랑크푸르트의 한 일간지에 발표했다. 1853년에는 프랑스의 앙투안 장 데소르모(Antoine Jean Desormeaux)가 요도와 방광을 관찰하는 금속관을 만들었다. 그가 처음으로 '내시경'이라는 이름을 썼다.

19세기에는 독일의 의사 아돌프 쿠스마울(Adolph Kussmaul)이 길이 47센티미터에 지름은 1.5센티미터 남짓 되는 금속관을 만들었다. 그는 칼을 삼키는 묘기를 부리는 곡예사들을 보다가 영감을 얻었다. 칼을 목구멍에 넣었다 뺐다 하는 이 묘기는 고대 그리스 시대부터 행해졌던 곡예였다. 그는 곡예사들을 모아 실험을 거듭했다. 1868년에는 이 도구를 사용해 위를 관찰하고 식도암을 진단해 내는 것까지 성공했다고 전해진다. 그러나 당시 사용하던 석유 램프가 충분히 밝지 않아서 위 내부를 훤히 관찰하기에는 역부족이었다. 그리고 일반인이 금속관을 삼키기에는 너무 위험했다. 자칫하면 장기가 찢어지는 사고가 날 수 있어 널리 쓰이지는 못했다.

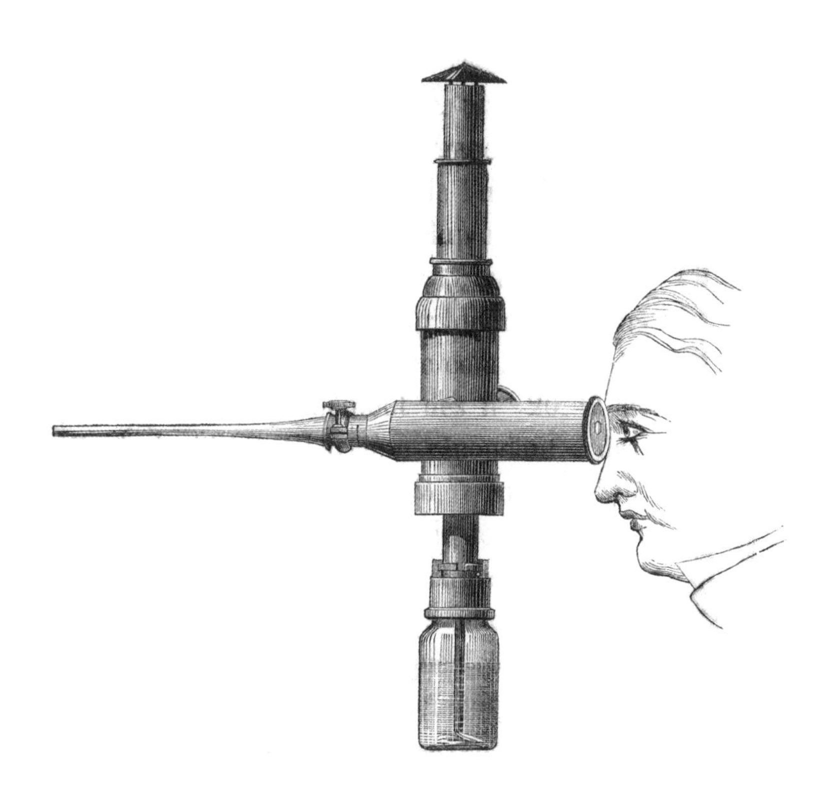

프랑스의 앙투안 장 데소르모는 요도와 방광을 관찰하는 금속관을 만들었다.

의사와 기술자의 만남

19세기 말에 이르자 의학계에서는 딱딱한 금속관 대신 부드럽게 휘어질 수 있는 관에 작은 카메라를 달아 내시경을 만들고자 했다. 그런데 촬영한 화면이 선명하지 않아 어려움을 겪었다. 유연하게 휘어질 뿐만 아니라 화질도 뛰어난 내시경을 개발해야 했다.

오늘날 널리 쓰이는 내시경의 개발은 1940년대 일본 도쿄 대학병원의 젊은 외과 의사 우지 다쓰로와 올림푸스사의 카메라 기술자 스기우라 무쓰오의 만남에서 시작되었다.

일본에서는 소금기가 많은 염장식품을 많이 먹어서 위암이 흔했다. 그리고 뜨거운 차를 많이 마시기 때문에 식도암 환자도 많았다. 뒤늦게 위암 판정을 받아 손쓸 수도 없이 사망하는 환자들을 보며 안타까워한 우지 다쓰로는 위암을 조기에 발견할 수 있는 방법을 찾고 있었다. 그러던 중 기차에서 우연히 한 카메라 기술자와 이야기를 나누게 되었다. 그가 바로 올림푸스사에서 근무하고 있던 스기우라 무쓰오였다. 올림푸스사는 카메라, 현미경, 의료기기 등 광학기기 분야에서 뛰어난 기술을 보유한 일본 기업이었다. 그들은 새로운 의료기기를 만드는 데 뜻을 모아 위장 내부를 촬영하는 소형 카메라를 함께 제작했다.

그들은 수많은 시행착오를 거쳐 1949년 말 시제품을 개에게 실험해 촬영에 성공했고, 이어 1950년 9월 세계 최초로 인간의 위를 촬영하는 데 성공했다. 그런데 이 카메라는 사진 촬영만 가능하고 위 속을 움직이는 영상으로 볼 수는 없었다.

영상 촬영이 가능한 내시경은 미국에서 먼저 발명되었다. 1957년 미국의 의사 바실 허쇼위츠(Basil Hirschowitz)는 휘어지는 머리카락에서 영감을 얻어 **광섬유**를 사용한 '파이버스코프(Fiberscope)'라는 내시경을 발명했다. 광섬유란 유리 재질로 만들어져 빛을 손실 없이 전달하는 섬유다. 그는 눈에 잘 보이지 않을 정도로 매우 가느다란 광섬유를 10만 개 이상 한데 묶고, 다발 끝에 카메라를 연결했다. 광섬유는 빛을 반사해 영상을 전달할 수 있었다.

1964년에는 올림푸스사에서도 파이버스코프를 이용한 위 카메라를 개발했다. 여기에 사용한 광섬유 1개의 굵기는 8미크론으로, 머리카락 한 올의 10분의 1밖에 되지 않았으며 10~20미크론이었던 최초의 파이버스코프보다 더욱 가느다란 굵기였다. 이 내시경은 유연하게 구부러져서 환자의 몸에 넣기에도 덜 위험하고, 검사에 필요한 기술도 간단해 의료 현장에 빠르게 퍼졌다.

또한 내시경으로 할 수 있는 진단 영역도 위는 물론 식도, 십이지장, 대장, 기관지, 담도 등으로 넓어졌다. 이뿐만 아니라 내시경 끝에 삽입된 도구로 아픈 부위를 바로 치료할 수 있게 되었다. 몸에 칼을 대지 않고도 내시경만으로 치료가 가능해진 것이다. 이를 통해 조기에 위암이나 대장암도 치료할 수 있고, 크기가 큰 돌기도 내시경으로 절제할 수 있게 되었다.

수술 없이 내시경만으로 치료할 수 있게 되자 의사들 사이에서 격언처럼 내려오던 '훌륭한 외과 의사는 크게 절개한다(Big surgeons, big incisions)'라는 말은 옛이야기가 되었다.

고화질 디스플레이부터 대장 내시경까지

1985년에는 올림푸스사에서 '비디오스코프(Viedoscope)'라는 새로운 내시경을 선보였다. 내시경으로 촬영한 결과를 TV 모니터에 바로 표시할 수 있는 제품이었다. 그래서 시술하는 의사뿐 아니라 다른 의사나 간호사, 보호자도 검진 화면을 공유할 수 있게 되었다. 2002년에는 내시경에 HDTV 고화질 디스플레이가 적용되어 더욱 정밀한 촬영이 가능해졌다.

2006년에는 한 걸음 더 나아갔다. 검진 부위에 파랑, 초록의 두 파장 대역을 가진 광선을 보내 혈관을 더욱 선명하게 보여 주는 기술이 개발되어 의사들이 작은 부위도 정확하게 살펴볼 수 있게 되었다. 그리고 대장의 모양에 맞춘 내시경도 개발되었다. 요즘 사용하는 대장 내시경은 구불구불한 대장벽에 닿으면 자연스럽게 휘어져 부드럽게 삽입할 수 있다. 따라서 시술 시간을 단축하고 환자의 고통을 줄일 수 있다.

세계 1위 내시경 회사가 되다

올림푸스사는 70여 년간 다양한 종류의 내시경을 개발해 왔으며 현재 세계 내시경 시장에서 1위를 차지하고 있다. 가장 얇은 제품은 두께가 0.5밀리미터밖에 되지 않으며 여기에 들어가는 렌즈는 0.25밀리미터로 눈으로는 볼 수 없을 만큼 작다.

내시경 시장의 선두를 달리는 이 회사의 비결은 무엇일까? 간단히 말하자면 의학계와의 긴밀한 협업과 소통이라고 할 수 있다. 최초의 위 카메라를 만든 우지 다쓰로와 스기우라 무쓰오처럼, 기술자들은 의사와 힘을 합쳐 여러 내시경을 개발했다. 의사에게 제품의 어느 부분이 어느 정도 가볍고 부드러워야 하는지, 손 움직임에 따라 카메라가 어떤 방향으로 움직여야 하는지 의견을 구하고 이를 설계에 적극적으로 반영했다. 내시경을 직접 사용하는 의사들에게 꼭 맞춤한 제품을 만든다는 '사용자가 편하게'라는 목표를 수행한 것이다.

의사들의 요구를 실제 제품으로 형상화하기 위해서는 기획력이나 기술력뿐만 아니라 의료 행위에 대한 지식이 필요하다. 그래서 이 회사에 입사한 기술자들은 의료 현장과 의사들이 필요로 하는 것을 정확히 이해하기 위해 기초 의학 교육을 먼저 받는다고 한다.

우리나라에서도 의학계와 산업계가 공동으로 연구해 두 분야가 동시에 발전할 수 있으면 하는 바람이다.

한 걸음 더

알약처럼 삼킬 수 있는 캡슐 내시경

캡슐 내시경이란 환자에게 알약처럼 삼키게 해서 창자 내부를 촬영하는 형태의 내시경이다.

캡슐 내시경은 1985년 미국에서 처음 개발되었다. 이 캡슐은 비타민 알약 정도로 크기가 작아서 기존의 내시경이 접근하지 못하는 곳까지 촬영할 수 있다. 캡슐은 복용 후 6~8시간 동안 식도, 위장, 소장, 대장을 구석구석 돌아다니며 수백 장의 컬러 사진을 찍은 다음 인체 밖으로 배출된다. 그러면 의사는 캡슐에 저장된 데이터를 모아 환자의 상태를 진단할 수 있다.

2003년에는 우리나라의 과학기술부에서 한층 더 성능을 보완한 캡슐 내시경을 내놓았다. 초소형 캡슐내시경 '미로(MIRO)'는 9~11시간 동안 작동할 수 있는 배터리가 장착되어 있다. 또한 영상 보정 작업을 따로 거쳐야 하는 초창기의 캡슐 내시경과는 달리 컴퓨터로 고화질의 영상을 바로 전송한다.

피부과

11

'나병'의 원인을 발견하다

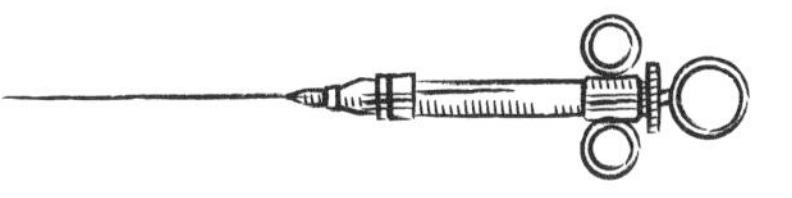

게르하르 한센

게르하르 한센
Gerhard Hansen
1841-1912

노르웨이의 의학자. 1873년 세계에서 처음으로 나균을 발견했다.
오랫동안 유전되는 병이라 여겨지던 나병이 감염병이라는 것을
알렸으며, 환자를 격리하고 소독하는 치료 방법을 제시했다.

〈킹덤 오브 헤븐〉은 〈마션〉, 〈블랙 호크 타운〉 등을 연출한 세계적인 영화감독인 리들리 스콧이 만든 멋진 영화다. 세 시간이 훌쩍 넘는 상영시간을 자랑하는 이 영화는 12세기 십자군전쟁이 벌어지던 시기의 유럽을 무대로 한 웅장한 서사극이다. 용맹하고 현명한 예루살렘의 왕 보두앵 4세는 나병에 걸려 은으로 만든 가면을 쓰고 생활한다. 그는 '나병왕 보두앵'이라고도 불렸던 실존인물이다. 영화에서는 그가 가면을 쓴 채 적국인 이슬람의 살라딘과 만나서 대담하게 담판을 짓는 장면이 나온다. 16세에 권력을 손에 넣은 보두앵 4세는 기묘한 책략으로 8년 동안이나 살라딘 대왕과의 평화를 유지했다. 만약 그가 이 병으로 24세에 요절하지 않았다면 예루살렘 왕국은 더 오랫동안 존속했을 것이다. 나병이 역사를 바꾼 것이다.

나병은 결핵과 같은 분류에 속하는 막대균인 나균 때문에 생긴다. 감염자의 기침이나 체액으로 전염되는데 처음에는 아무 증상이 없

예루살렘의 왕 보두앵 4세가 가톨릭의 종교의식을 치르는 장면을 묘사한 그림. 그는 나병에 걸려 24세에 요절했다.

다. 5~20년가량의 길고 긴 잠복기를 거친 다음에 피부에 도드라지는 반점이 생긴다. 붉고 검은 반점은 점점 커지고 점차 통증을 느끼는 못하는 증상이 생긴다. 피부는 감각이 사라지고 시간이 지날수록 뭉개진다. 그러다 손발이 곪고, 눈썹도 없어지고 코도 으깨지는 등 얼굴에 변형이 생기며 시력도 잃게 된다.

사회에서 추방당한 나병 환자들

중세 시대에 나병 환자들은 사회에서 가혹하게 추방되었다. 환자들은 성벽 밖이나 공동체의 경계 밖 먼 곳으로 쫓겨났다. 이들을 밀어내는 관행은 단순한 물리적 거리 두기가 아니었다. 나병 환자의 추방 의식은 마치 장례식과 같았다. 그들은 관 속에 누워 신부가 집전하는 장례 미사를 함께 치른 다음 길을 떠났다. 나병 환자는 신의 노여움과 선의를 동시에 드러내는 존재로 여겨졌다. 1478년 오스트리아 비엔나 교구의 한 문서에는 "나의 친구여, 그대가 이 질병에 걸림은 주님의 뜻이니, 그대가 이 세상에서 저지른 죄악으로 주님이 그대를 징벌하시려 할 때, 주님은 그대에게 큰 은총을 베푸시니라"라는 구절이 있다.

환자들은 사회에서 철저히 배제되었으며, 법적, 정치적 권리도 빼겼다. 온몸에 붕대를 칭칭 감고 숨어 살아야 했다. 살아 있어도 죽은 것과 마찬가지였다.

그 당시의 왕과 귀족들은 나병에 걸렸는지 걸리지 않았는지에 따라 백성을 나누는 이분법적인 정책을 펼쳤다. 나병 환자면 쫓아내고, 그렇지 않다면 포용하여 함께 살았다.

우리나라에서도 과거에 나병에 대한 두려움이 컸고 편견도 심했다. 피부가 문드러진다는 뜻의 '문둥병,' 또는 하늘이 내린 병이라는 뜻의 '천형병'이라 부르며 멸시했다.

나균을 발견하다

수천 년 동안 인류는 나병의 정확한 원인을 모른 채 유전이나 천벌이라고만 생각해 환자를 차별했다. 나병이 세균으로 감염되는 병이라는 사실을 밝혀 이 병을 치료할 수 있는 열쇠를 마련한 사람이 바로 노르웨이의 의학자 한센이다. 그의 발견 이후로 나병은 '한센병'으로 이름이 바뀌었고 지금은 이 이름이 더 널리 사용되고 있다.

한센은 노르웨이의 베르겐에서 태어나서 로포텐에서 의사로 근무했다. 1868년 베르겐으로 돌아와 룽게가드 병원에서 근무했다. 그 당시 한센병은 유전되는 병이거나 나쁜 공기 때문에 걸리는 병이라고 여겨졌다. 하지만 한센은 이 병에 다른 원인이 있다고 믿고 가설을 세웠다.

1873년 그는 환자의 세포 조직에서 세균으로 보이는 병원체를 발견했다고 발표했다. 이 병원체의 정체는 바로 나균이었다.

한센과 나이서의 싸움

하지만 그는 자신이 발견한 것이 세균이라는 것을 체계적으로 증명하지는 못했다. 한센의 발견은 더 해상도가 좋은 현미경이 나오고 나서야 제대로 확인되었다. 1879년 그는 당시 이름을 날리고 있던 독일의 의사 알베르트 나이서(Albert Neisser)에게 세균 조직의 표본을 맡겼다. 나이서는 일찍이 임질균을 발견하고 그 세균에 자신의 이름을 붙인 의사였다. 1880

한센은 자신의 발견을 증명하기 어려워지자
초조해진 나머지 환자에게 나균을 감염시키려 시도했다.

년 그는 한센이 건넨 막대균의 조직을 염색해 보여 주는 데 성공했다.

나이서는 자신이야말로 나균을 처음 세상에 드러낸 사람이며, 한센은 그저 처음 관찰하기만 했을 뿐이라고 주장했다. 자신이 한 일을 부각하기 위해 한센의 역할은 축소하려 한 것이다. 그러나 이 때문에 나이서는 큰 비난을 받았고 나중에는 한센의 역할을 부정하지 않게 되었다.

한센이 남긴 오점이 있다. 어떤 병원균이 특정한 병을 일으킨다는 것을 증명하려면 그 균을 인공배지에서 인위적으로 배양하고 증식할 수 있어야 한다. 하지만 한센은 인공배지에서 나병균을 배양하는 데 실패했다. 결국 한센은 이 막대균이 전염성이 있다는 것을 증명하지도 못했다. 그는 자신이 아무것도 하지 못하는 것 같아 두려워졌다.

초조해진 그는 동의서도 받지 않고 한 여성에게 이 균을 전염시키려고 시도했다. 환자의 생명을 책임지는 의사가 절대로 저질러서는 안 되는 행동이었으며, 노르웨이의 보건법에도 어긋나는 행위였다. 다행히 그 여성은 병에 걸리지 않았다. 하지만 병원은 이 사실을 알고 그를 해고했다.

잘못된 믿음을 없애다

한센은 노르웨이의 보건직으로는 계속 근무할 수 있었고 그의 노력으로 1877년과 1885년에 '나병법(leprosy act)'이 통과되었다. 이 법에 따라 노르웨이의 보건 당국은 한센병이 퍼지는 것을 막기 위해 환자를 강제로 격리할 수 있게 되었다. 이러한 정책에 힘입어 1875년에 1,800명이던 노르웨이의 나병 환자는 26년이 지난 1901년에는 575명으로 서서히 줄어들었다.

오랫동안 하늘이 내린 벌이라고 여겨진 '나병'은 한센을 비롯한 의사들의 노력으로 그 정체를 드러냈으며 이제는 충분히 치료 가능한 '한센병'이 되었다.

한편 그 과정에서 한센이 저지른 잘못은 학문적 목적이 아무리 고귀하다고 할지라도 비윤리적인 방법이 정당화될 수 없다는 점도 알려준다. 150여 년 전에도 이러한 행위를 감시하고 막아 낼 수 있었던 북유럽이 부럽기도 하다.

한 걸음 더

문둥이 시인, 한하운

나는 의대생들과 함께 한센병 환자 재활촌에서 봉사활동을 한 적이 있다. 환자와 봉사자들이 같이 모인 시간에 모두 내게 한마디 하라고 청했다. 나는 이야기 대신 한하운의 시 <파랑새>를 외웠다.

우리나라에서도 한센병은 오랫동안 차별과 멸시의 대상이었다. 한하운은 한센병을 앓으면서 그 아픔을 문학으로 승화한 시인으로, '문둥이 시인'이라는 별명이 있다.

그는 1919년 함경남도의 부잣집에서 태어났다. 어렸을 때 공부도 잘하고 운동과 예술에도 재능을 보인 팔방미인이었다. 그런데 18세가 된 어느 날 한센병에 걸리는 비극이 닥쳤다. 겨우 대학을 졸업했지만 정상적인 생활을 할 수 없었다. 피부가 곪고 얼굴이 문드러진 그를 받아 주는 일자리는 없었다. 하는 수 없이 그는 길거리에서 구걸하는 생활을 시작했다.

그는 겨울이 닥치자 어떻게든 생계를 이어 나가기 위해 시를 써서 팔았는데 이 시들이 점차 알려지며 많은 사람이 감동했다. 주로 병마와 싸우며 겪는 아픔과 슬픔을 노래한 작품들이었다. 곧 그는 '시를 파는 거지'로 유명해졌다.

<파랑새>는 차별과 무시 속에서 살아온 그가 고통스러운 현실을 벗어나 자

유와 평온을 얻고자 하는 바람을 담담하게 노래한 시다. 자유롭게 하늘을 날 수 있는 '파랑새'에 그 마음이 담겨 있다.

나중에 그는 새롭게 개발된 치료법으로 한센병에서 해방될 수 있었다. 병이 다 낫고 나서도 다른 한센병 환자들의 자립을 돕기 위해 환자들을 모아 농장과 복지 시설을 운영했다.

그는 한센병에서는 완치되었지만 지나친 음주로 인한 간경화로 56세라는 나이에 사망했다.

마취과

— 12 —

최초로 전신마취에 성공하다

윌리엄 모턴

윌리엄 모턴

William Morton

1819-1868

미국의 치과 의사. 1846년 외과 수술에 에테르 마취제를 사용해 성공했다. 이 마취제의 특허권을 두고 여러 의사들과 기나긴 소송을 벌이다가 생을 마쳤다.

이 책을 읽는 독자 중에는 전신마취를 하는 수술을 직접 경험해 보았거나 가족이 마취를 하기 위해 수술실로 들어가는 것을 지켜본 사람이 있을 것이다.

전신마취를 하기 전에 환자와 보호자는 수술과 그 과정에서 혹시라도 생길 수 있는 합병증에 대한 설명을 미리 듣고 수술동의서에 서명한다. 매우 드물기는 하지만 마취에서 깨어나지 못할 수도 있다는 주의를 듣고, 마취동의서에도 서명해야 한다.

수술 당일 환자는 팔이나 다리에 수액 주사를 달고, 이송용 침대에 실려 수술실 입구에 다다른다. 간호사가 환자의 이름, 수술 부위, 금식 여부 등을 확인한다. 그러면 보호자는 밖으로 나가고 환자만 남는다.

그다음으로 수술을 돕는 인턴이 환자를 수술실로 옮겨 눕힌다. 다시 한번 환자를 확인하고 가슴에 심전도를 붙인다. 마취과 의사가 코와 입에 밀착되는 마취 마스크를 씌우고 "숨을 크게 쉬세요" 하는 순간

환자는 어느새 스르르 잠이 든다. “눈 떠보세요” 하는 소리에 눈을 뜨면 수술이 끝난 상태다. 회복실로 옮겨져 혈압과 맥박이 정상으로 돌아오고 의식도 또렷해져 안전한 상태가 되면, 비로소 병실로 이동한다.

전신마취는 중추신경기능을 억제해 감각과 의식을 잠시 멈추는 마취 방법이다. 이는 고통 없는 안전한 수술을 위한 필수 조건이라고 할 수 있다. 그렇다면 의사들은 전신마취를 언제 처음 시도했을까?

‘웃음가스’로 마취를 시도하다

19세기 말 영국의 발명가 험프리 데이비(Humphry Davy)는 **아산화질소**를 마시면 참을 수 없을 정도로 웃음이 나온다는 것을 알아내고 ‘웃음가스’라는 이름을 붙였다. 이 가스가 처음 쓰인 곳은 연극 무대였다. 관객들은 풍선에 담긴 가스를 마시고 흐느적거리거나 이상한 소리를 내는 쇼에 25센트를 내고 기꺼이 참여했다.

이 쇼는 미국에도 전해졌다. 그런데 1844년 미국의 치과 의사 호러스 웰스(Horace Wells)는 유랑극단에서 웃음가스를 마신 관객이 의자에 부딪혀 머리에 피가 나는데도 통증을 느끼지 못하는 것을 보았다. 그는 즉시 풍선에 들은 가스를 사서 마셔 보았다. 그러자 일시적으로 감각을 잃는 효과를 느꼈다.

1845년 웰스는 하버드대학교에서 마취제를 실험하는 자리를 마련했다. 환자에게 아산화질소를 마시게 한 다음 수술을 시도했으나 실

웰스는 '웃음가스'로 알려진 아산화질소를 이용해 수술을 시도했으나 실패했다.

패했다. 이를 뽑을 때 잔뜩 겁을 먹은 환자가 너무 비명을 질렀기 때문이다. 나중에서야 환자는 통증을 거의 느끼지 못했다고 고백했다. 아산화질소가 공식적으로 마취제로 쓰인 것은 약 20년 뒤의 일이며, 20세기 중반까지 마취제로 사용되었다.

한편 웰스에게는 제자가 있었으니 그가 바로 이번 장의 주인공인 윌리엄 모턴이다. 사람 보는 눈이 없었던 웰스는 모턴을 제자로 받아들였다. 그때 모턴은 일하던 술집의 돈을 빼돌린 혐의로 동네에서 추방된 문제아였고, 이곳저곳을 떠돌며 사기행각을 벌여 수배를 받고 있던 처지였다. 그는 몇 개월 동안 웰스에게 기술을 배워 보스턴에서 치과를 개업했다. 그리고 웰스와 공동으로 보철 재료 판매 회사도 설립했다. 이즈음 웰스가 아산화질소를 이용한 흡입마취를 시도하다 실패하는 것을 모턴도 함께 지켜보았다.

한편 비슷한 시기인 19세기 중반 미국 학생들 사이에서는 새로운 놀이가 유행했다. **에테르**를 맡고 환각에 빠져서 노는 '에테르 파티'가 그것이었다. 외과 의사 크로퍼드 롱(Crawford Long)은 이 파티에 참가했다가 에테르를 마신 사람들이 부딪히거나 다쳐도 통증을 느끼지 못하는 것을 보았다. 롱은 1842년 목에 2개의 종양이 있는 학생을 에테르로 마취하고, 통증 없이 종양을 제거하는 데 성공했다. 그러나 그는 이를 학회에 발표하지 않아 마취제를 사용한 최초의 수술로는 인정받지 못했다.

에테르의 효과를 확인하다

웰스의 실패를 지켜본 모턴은 또 다른 환각제인 에테르에 눈을 돌렸다. 하버드대학교 출신의 의사이자 화학자인 찰스 잭슨(Charles Jackson)이 모턴에게 에테르를 수술용 마취제로 사용해 보라고 권했다. 하버드대학교의 의대생이었던 모턴은 잭슨에게 가르침을 받고 있는 학생이었다. 그는 친구의 치아를 에테르로 마취한 다음 뽑아 보고 그 효과를 확신했다. 그의 시술을 지켜본 신문 기자가 이 일을 기사로 보도하자 하버드의 외과 의사들은 모턴의 마취에 큰 관심을 가졌다.

모턴은 에테르에 특허를 내 큰돈을 벌고 싶어 했다. 그러나 에테르는 아주 오래전인 1275년 스페인의 화학자 라이문두스 룰리우스가 처음 발견한 성분이었고, 에테르 합성은 1540년 독일의 천재 약제사 발레리우스 코르두스가 처음 해냈기에 특허를 낼 수 없었다.

그래도 특허를 낼 방법이 없을까 이리저리 머리를 굴리던 모턴은 한 가지 꼼수를 떠올렸다. 에테르에 특유의 냄새를 없애는 첨가제를 넣고 '레테온'이라는 이름을 붙였다.

1846년 10월 16일 모턴은 매사추세츠 종합병원에서 자신의 마취제를 공개했다. 이 자리에서 레테온을 환자의 코에 주입하고, 하버드대학교의 외과 교수 존 워런과 함께 환자의 목에서 고통 없이 종양을 떼어 내는 시연을 벌여 성공했다. 이리하여 이 수술은 최초로 전신마취에 성공한 외과 수술로 기록되었다.

특허권 다툼을 벌이다

모턴은 1816년 11월 마취제의 특허를 신청했다. 그러나 곧이어 뜻하지 않은 문제가 불거졌다. 모턴보다 4년 앞서 전신마취에 성공한 롱, 모턴에게 에테르를 연구할 것을 제안한 잭슨, 모턴과 동업 관계였던 웰스도 특허권을 주장하고 나선 것이다. 잭슨은 에테르의 마취 효과를 처음 발견한 사람이 자신이라고 목소리를 높였다. 웰스는 아산화질소로 종류는 다르지만 마취제라는 아이디어를 처음 낸 사람은 자신이며, 모턴과 잭슨이 에테르를 마취제로 사용할 생각을 하도록 만든 사람도 사실은 본인이라고 주장했다.

다툼 끝에 특허는 잭슨과 모턴이 공유하게 되었으며, 모턴은 최초로 마취 수술에 성공한 인물로 인정받았다. 그리고 에테르는 미국을 비롯한 전 세계에서 수술용 마취제로 널리 쓰이게 되었다. 그러나 레테온의 주성분이 에테르라는 사실은 결국 드러날 수밖에 없었다. 명예를 얻은 모턴은 레테르의 화학 성분을 끝까지 비밀로 하려 했으나 실패했고, 그가 낸 특허는 취소되었다.

결국 마취제의 진짜 주인은 가려지지 못했다. 특허권 분쟁을 벌였던 모턴과 잭슨, 웰스의 삶은 고통스럽게 끝났다. 웰스는 1848년 뉴욕 길거리에서 염산을 뿌린 혐의로 체포되었다. 이후 감옥에서 스스로 몸을 마취한 다음 다리의 동맥을 끊어 자살했다. 모턴은 마차를 몰다 뇌출혈로 쓰러져 사망했다. 잭슨은 정신병원에서 죽었다. 마취제가 이들의 이성과 판단력까지 마취해 버린 탓일까? 의학 역사에 공헌하고도 정작 본인의 삶은 건강하지 못했던 이들이 안타까울 따름이다. 한편 가장 먼저 특허권을 포기한 롱은 조용히 시골 의사로 살다 편안하게 눈을 감았다.

또 다른 마취제, 클로로포름

모턴이 마취 수술에 성공한 이듬해인 1847년에는 영국의 산부인과 의사 제임스 심슨(James Simpson)이 마취 효과가 있는 또 다른 성분을 발견했다. 그는 클로로포름이 에테르보다 냄새가 약하면서 무통분만에 효과적이라는 것을 알아냈다. 이 성분은 당시 영국 빅토리아 여왕의 출산에도 사용됐다. 그러나 클로로포름은 심장의 부정맥을 일으키는 치명적인 부작용이 있었다. 이에 따라 환자가 사망할 수도 있는 위험성이 있어서 1930년대부터 미국을 시작으로 사용하지 않게 되었다.

한 걸음 더

표준 마취법 들여다보기

코나 입으로 들이마셔 전신을 마취하는 흡입마취는 마취가 잘될 뿐만 아니라 회복이 빠르다. 또한 요즘 자주 쓰이는 흡입마취제인 세보플루란, 데스프루란은 약제가 안정적이다. 여러 장기에 대한 독성이 없다는 장점이 있다. 클로로포름과 에테르는 심장의 박출량을 감소시키므로 더는 사용하지 않는다.

현재 우리가 사용하는 표준 마취법은 오래전인 한국전쟁 때부터 정착되었다. 그렇다면 병원에서는 어떤 과정을 거쳐 환자를 마취할까? 먼저 작용 시간이 짧은 수면제인 티오펜탈을 정맥으로 투입하는데, 이것이 바로 수술실에서 의사들이 "숨을 크게 쉬세요" 하면서 환자를 스스르 잠들게 하는 약이다. 이 약은 잘못 쓰면 호흡이 불안해지므로 매우 조심스럽게 사용한다. 또는 마취 시간이 몇 분 이내로 짧을 때 쓴다.

환자가 잠이 들면 기도에 기다란 관을 넣는 기관삽관을 해 흡입마취제를 투여한다. 이때 튜보큐라린, 석시닐콜린 등의 근육이완제를 사용한다. 약물로 목의 근육이 느슨하게 풀려야 후두경으로 들여다볼 때 기도가 잘 보여서 삽관이 잘 되기 때문이다. 이 근육이완제를 쓴 것도 한국전쟁 때부터다.

응급실에서 기도를 유지하기 위해 급하게 기관삽관을 하는 경우에는 근육이완제를 사용하지 않는다. 이러한 경우는 기도의 시야 확보가 쉽지 않아 애를 먹는다. 그래서 기관삽관을 뜻하는 영어 '인튜베이션(intubation)' 대신 억지를 쓴다는 뜻을 가진 접두사 '생'을 붙여 '생튜베이션'이라고 부르기도 한다. 이 경우 환자가 불편함을 느끼는 것은 두말할 나위도 없다.

감염내과

— 13 —

세계 최초의 백신을 개발하기까지

헌터와 제너

존 헌터

John Hunter

1728-1793

영국의 외과 의사.
많은 동물을 해부하고 표본을
수집해 의과학의 기초를 마련했다.

에드워드 제너

Edward Jenner

1749-1823

존 헌터의 제자이자 영국의 의사.
세계 최초로 천연두 백신을 만들고
'종두법'을 시행했다.

런던의 홀본 지하철역에서 내리면 왕립외과의사협회(Royal College of Surgeon)가 바로 보인다. 우리나라 덕수궁의 석조전처럼 여러 개의 돌기둥이 지붕을 떠받치고 있다. 이곳에는 영연방 외과학회들의 사무실이 있으며, 강당에서는 각종 학술 대회가 열린다. 복도에는 영국을 빛낸 외과 의사들의 초상화들이 줄지어 있다. 살균소독법을 처음 시행한 조지프 리스터나, 《그레이 인체 해부학》을 쓴 헨리 그레이(Henry Gray)의 흉상도 세워져 있다.

이 건물의 2층으로 올라가면 '헌터리안 박물관'이 있다. 입장은 무료지만 사진은 찍을 수 없다. 대신 접이식 의자가 놓여 있어서 스케치북이나 노트를 가져오면 얼마든지 그림을 그릴 수 있다. 2미터 31센티에 달하는 스코틀랜드 거인의 골격 표본도 있고, 다른 곳에서는 볼 수 없는 매우 희귀한 해부 표본, 병리 표본이 가득 전시되어 있다. 이 박물관은 스코틀랜드의 해부학자, 병리학자이자 외과 의사인 존 헌터가 기증한 자료들

런던의 헌터리안 박물관은 존 헌터가 수집한 자료들로 만들어졌다.

로 세워진 것이다. 의사나 간호사 등 의료인뿐만 아니라 자연과학에 관심 있는 학생이라면 런던을 방문할 때 꼭 관람해야 할 곳이다.

스승의 열정적인 실험 정신

존 헌터는 스코틀랜드 글래스고에서 의대를 졸업하고 런던에 와서는 해부 실습 강사가 되었다. 이후 외과학을 배워 성 조지 병원에서 일했다.

헌터는 병을 이해하려면 인체 구조에 대한 지식을 많이 쌓아야 한다고 믿었다. 또한 질병이 장기의 구조를 변하게 한다고 생각했다. 그래서 그는 환자의 장기와 정상적인 장기들의 구조를 관찰하고 비교하고자 시신을 해부하는 작업에 몰두했다.

또한 사람뿐 아니라 다양한 동물을 해부해 병을 이해하려고 노력했다. 그는 500마리 이상의 동물들을 해부했다. 포유류, 새, 물고기, 곤충들의 표본을 관찰했다. 이렇게 동물 연구를 병행하면서 건강한 사람과 환자의 차이를 더욱 잘 이해할 수 있었다.

그는 누구보다도 끈기 있는 의사였다. 있는 그대로의 사실을 철저하게 분석하려는 의지가 강했다. 생명체의 구조를 잘 알면 그 구조가 하는 기능도 파악할 수 있다고 믿고, 구조와 기능 사이의 관계를 밝히려고 노력했다.

헌터리안 박물관에 있는 수집품들은 헌터의 천재성과 피나는 노력의 소산이며 불멸의 유산이다. 단순한 수집품이 아니라 헌터가 의학 이론을 뒷받침하기 위해 모은 것이다. 영국의 왕립외과학회가 1799년 헌터의 수집품을 물려받았을 때, 표본의 수는 무려 1만 4,000개 이상이었다.

오늘날에도 활용되는 연구

오늘날에도 헌터가 발견한 원리를 인용한 많은 논문이 출간되고 있다. 혈액순환과 출혈, 심장을 살리기 위한 전기충격, 염증과 고름, 장기이식, 암의 본질 등의 굵직한 연구 과제들은 모두 헌터에게서 시작되었

200년 전에 만들어진 헌터의 수술법은 오늘날에도 유용하게 사용되고 있다.

다. 헌터는 200년 전에 이미 이러한 질병들을 알고 있었고, 외과 시술을 시도했다.

헌터는 1785년 오금의 혈관이 부풀어 오르는 오금동맥류를 앓는 45세의 마부를 시술했다. 혈관이 확장되고 터지는 것을 막아야 했는데, 오금동맥류가 진행되는 부위보다 위쪽에 있는 동맥을 묶었다. 무릎관절 주위에 곁순환 혈관들이 많아서 택한 방법이었다.

헌터는 점차 수술 방법을 개선해 큰 성공을 거두었다. 그가 초기 동맥류 환자에게 실시하던 수술법은 오늘날에도 유용하게 사용되고 있다.

인류 최초의 백신을 만든 제자

18세기 중반 영국의 외과 의사들은 거의 헌터의 제자였다. 그중에는 훗날 인류 최초의 백신을 개발한 에드워드 제너도 있었다. 제너는 영국의 작은 지방인 글로스터셔에서 태어나 지역 의원의 견습생으로 의학계에 입문했다. 그 뒤 런던 성 조지 병원에서 존 헌터를 만나 해부와 수술을 배우고, 다시 고향으로 돌아가 의사로 활동했다.

18세기 유럽에서는 천연두가 유행해 매년 40만 명이 사망했다. 20세기에도 3~5억 명 정도가 이 병으로 죽은 것으로 추산된다. 천연두에 걸리면 사망할 확률이 높았고, 겨우 살아남아도 얼굴에 곰보 자국이 남았다.

1773년부터 고향 글로스터셔에 병원을 열어 진료하던 제너는 이 지방에서 우유를 짜는 여자들의 얼굴에 곰보 자국이 적다는 것을 발견했다. 소와 접촉이 잦은 여자들은 소의 질병인 우두를 앓은 이후에 천연두에 걸리지 않았다. 이를 근거로 그는 '우두에 감염되었던 사람은 천연두에 걸리지 않는다'는 가설을 세웠다.

이제 무엇을 해야 할까? 고민하는 제너에게 한 통의 편지가 도착했다. 헌터는 자신보다 21살 어린 젊은 외과 의사 제너에게 편지를 보냈다. "나는 자네가 생각한 해결책이 맞다고 생각하네. 그런데 왜 생각만 하는 것인가? 왜 실험하지 않는가?"

헌터의 충고는 주사처럼 젊은 의사를 찔렀다. 연구자로서 가져야 할 태도를 '접종'해 준 것이었다. 헌터의 편지는 제너를 이끌었다.

제너는 천연두에 대한 면역력을 우두를 앓는 소의 종기에서 얻을 수 있으리라 생각하고, 이를 증명할 실험을 시작하기로 결정했다.

62세의 노인이 9세 때 우두를 앓았다며 실험에 지원했다. 제너는 천연두의 병균을 노인에게 접종했다. 접종 부위에는 약간의 발진이 생겼지만, 노인은 5일 만에 회복했다. 이 실험으로 제너는 한 번 우두에 걸리고 나면 50년이 지나도 천연두에 걸리지 않는다는 사실을 발견했다. 1796년 그는 우두의 고름을 8세 소년의 팔에 접종하고, 이 소년이 면역이 생길 때까지 기다렸다. 6주 후에 천연두 고름을 소년에게 접종했다. 소년은 가벼운 열병을 앓았고 피부에 물집이 약간 잡히기는 했지만, 천연두에 걸리지 않고 금세 나았다.

이렇게 해서 제너는 소의 우두를 사람에게 접종해 천연두를 예방하는 **종두법**을 개발했다. 그러나 종두법에 대한 편견과 무지를 극복해야 했다. 그는 의사나 과학자들로부터 "사람을 상대로 검증되지도 않은 방법을 쓴다!"라고 호된 비판을 받았으며, 종두법 개발 초기에는 "소 고름을 맞으면 사람이 소로 변한다"라는 어이없는 헛소문이 돌기도 했다. 당시 한 신문은 우두를 접종받은 사람의 몸에서 소가 튀어나오거나 사람이 소처럼 변하는 모습을 묘사한 삽화를 실었다.

영국 일간지에 실린 만평. 제너의 우두를 접종받은 사람이 소처럼 변하는 모습을 그렸다.

제너는 포기하지 않고 23명의 환자에게 천연두 백신을 접종해 면역력이 생기게 하는 데 성공했다. 접종자 중에는 11개월 된 자신의 아들도 포함돼 있었다. 그는 이 성공적인 결과를 1798년에 발표했다. 소에서 얻은 약한 마마균을 사람 몸에 주사하면, 사람은 병에 걸리지 않고 면역력이 생긴다는 것을 증명한 것이다.

제너는 누구나 백신을 사용하도록 특허를 내지 않았다. 영국 정부는 1840년부터 우두를 이용한 예방접종을 무료로 시행했으며 1853년부터는 의무 예방접종을 시작했다.

그로부터 한참 시간이 흘러 1980년에 세계보건기구는 천연두 종식을 선언했다. 인류는 제너가 처음 백신을 만든 이후 140년 만에 천연두를 박멸했다. 제너의 끈기 있는 실험 정신이 결국에는 완벽하게 승리했다고 할 수 있다.

훌륭한 스승 밑에서 훌륭한 제자가 나온다. 훌륭한 사람을 보면 그 뒤에는 그를 이끌어 준 훌륭한 스승이 있기 마련이다. 존 헌터와 그의 제자 에드워드 제너는 청출어람의 좋은 예가 아닌가 싶다.

한 걸음 더

수두와 홍역

천연두와 비슷한 증상을 보이는 질환으로 수두와 홍역이 있다. 피부에 붉은색 발진이 돋고 감염되기 쉽다는 점에서 비슷하지만, 원인은 엄연히 다르다.

수두는 헤르페스과에 속하는 '수두-대상포진 바이러스'로 발병한다. 잠복기는 2주 정도 된다. 침이나 공기 등으로 감염되는데 초기일수록 전파력이 강하다고 알려져 있다. 발진이 생긴 부분은 가렵고 따가워서 아이들이 긁다가 피가 나기도 한다.

홍역을 일으키는 원인으로는 '홍역 바이러스'가 있다. 홍역은 주로 봄이나 가을에 많이 걸린다. 열흘 정도의 잠복 기간을 거쳐 처음에는 기침, 콧물 등 감기와 비슷한 증상이 나타나다가 온몸에 붉은 발진이 생긴다.

수두와 홍역도 모두 백신이 개발되어 있어 충분히 예방할 수 있다.

신경외과

14

뇌의 지도를 그리다

와일더 펜필드

와일더 펜필드

Wilder Penfield

1891-1976

미국의 신경외과 의사.

환자가 의식이 있는 상태에서 뇌수술을 거듭한 결과를 바탕으로

뇌가 우리 신체의 어느 부위를 얼마큼 관장하는지

보여 주는 지도인 '뇌 난쟁이 지도'를 완성했다.

역사적으로 뇌에 대한 연구는 뇌 손상을 겪은 사람들의 변화를 관찰함으로써 이루어졌다. 의사들은 사고를 당해 뇌의 특정 부위가 손상된 환자들이 어떻게 변했는지 분석해 뇌의 각 영역이 평소 어떤 기능을 하는지 알아낼 수 있었다.

미국에서 태어난 와일더 펜필드도 뇌를 연구하는 의사였다. 그는 여러 대학을 거쳐 의사가 되었다. 프린스턴대학교를 졸업한 다음 영국의 옥스퍼드대학교에서 장학금을 받으며 신경병리학을 배웠다. 이후 미국으로 돌아와 존스홉킨스대학교의 의과대학을 졸업하고 '쿠싱증후군'을 발견한 유명한 신경외과 의사 하비 쿠싱 밑에서 수련했다. 그는 오랫동안 쌓은 지식으로 뛰어난 신경외과 전문의가 되고자 했다. 특히, 반복적인 발작을 일으키는 뇌 장애인 **간질**을 치료하고 싶어 했다.

대뇌피질 여기저기를 탐색하다

펜필드는 심한 간질 환자를 수술로 치료했다. 간질을 발생시키는 대뇌의 신경세포를 찾아서 파괴하는 수술이었다. 이때 건강한 뇌세포가 다치지 않도록 매우 주의를 기울였다. 먼저 치료할 부위 주변에 약한 전기 자극을 주어 환자의 반응을 자세히 관찰하고, 그것을 신중하게 점검한 다음 정확한 절제 범위를 결정했다.

이때 환자들은 깨어 있는 상태로 수술을 받았기 때문에 자극의 효과를 의사에게 바로 알릴 수 있었다. 뇌는 통증을 느끼지 못하는 기관이어서 수술할 때는 전신마취가 아닌 부분마취만 해도 충분했다.

수술대 위에 누워 있는 환자의 머리뼈를 열고 나니 회백색 대뇌가 보였다. 회백색을 띠며 뇌의 표면에 해당하는 부분이 바로 **대뇌피질**이다. 펜필드는 환자의 대뇌피질의 특정 부위를 주삿바늘로 가볍게 찌르며 환자에게 물었다.

"어떤 감각이 느껴지나요?"

"누가 내 손을 만지는 것 같아요."

뇌를 자극하는데 환자는 어째서 손에 감각을 느낄까? 그는 환자의 뇌 여기저기를 바늘로 찌르며 어느 부위에 어떤 감각이 느껴지느냐고 환자에게 질문했다. 환자들의 대답을 들어 보니 대뇌피질의 특정 부분에 전기 자극을 주면 손뿐만 아니라 여러 신체 부위가 반응한다는 것을 알 수 있었다. 그동안 조수는 그 결과를 기록했다.

이런 식으로 펜필드는 환자들의 반응을 하나하나 살펴 뇌의 영역

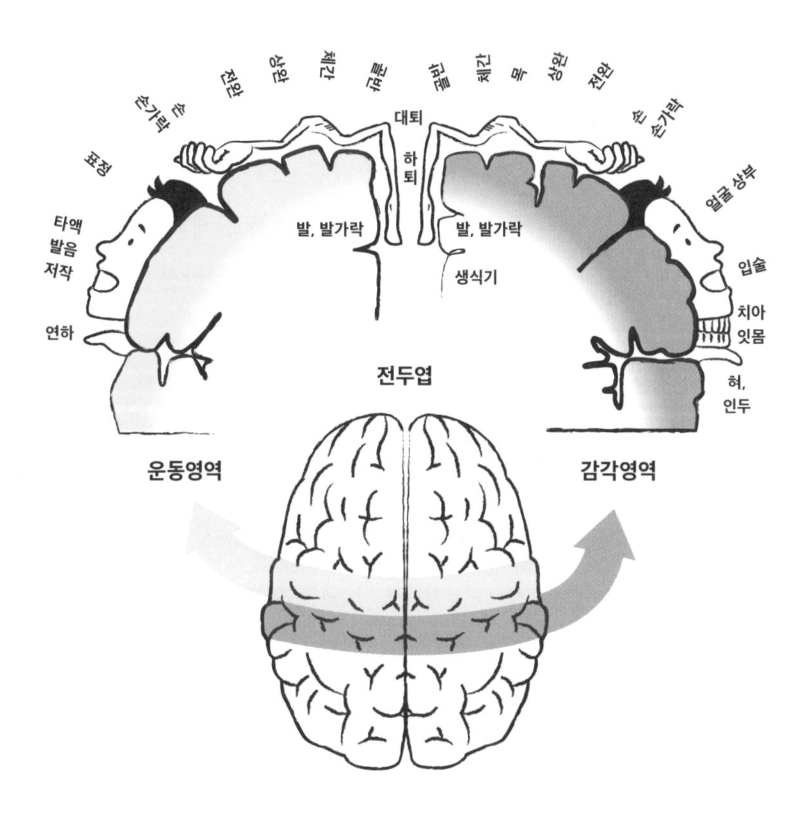

펜필드의 뇌 난쟁이 지도는 대뇌피질의 각 부분과 신체 부위의 대응 관계를 보여 준다.

과 역할에 대해 알아냈다. 신체의 움직임을 담당하는 **운동피질**에서는 손가락과 입, 입술, 혀, 눈을 관장하는 피질이 넓다. 온각, 냉각 등의 피부감각과 신체의 위치감을 느끼는 **감각피질**에서는 손, 혀 등을 관장하는 영역이 넓다. 이러한 발견을 바탕으로 펜필드는 감각과 운동에 관여하는 뇌 영역을 표시한 지도를 그릴 수 있었다. 그가 만든 '뇌 난쟁이 지도'는 일정한 자극에 대한 감각이나 운동의 세기를 신체 부위의 크기에 대응시킨 지도다. 즉 지도에 크게 그려져 있을수록 감각신경이나 운동신경이 예민하게 느끼는 신체 부위다.

뇌 난쟁이 지도를 종합해 보면 입술, 혀, 손가락 등이 가장 민감한 부위다. 실제로 우리는 어루만짐이나 입맞춤, 포옹에 민감하게 반응하며 이러한 신체 접촉은 우리의 감정 영역에서 가장 중요하다. 운동영역에서도 마찬가지다. 혀나 손가락 등 세밀하게 움직여야 하는 부위는 신경세포가 많이 필요하므로 대뇌피질에서 넓은 부위를 차지한다.

커다란 손을 지닌 호문쿨루스

펜필드는 지도로 표현한 것을 사람의 형상으로도 만들어 **호문쿨루스**라는 이름을 붙였다. 원래 호문쿨루스는 '작은 사람' 또는 '요정'을 뜻하는 말로 연금술 전설에서 비롯되었다.

호문쿨루스는 우리 몸의 어떤 영역이 다른 영역보다 자극에 더 민감하다는 것을 한눈에 보여 준다. 이 모형은 뒤틀리고 불균형한 모습의

펜필드가 만든 호문쿨루스. 크게 만들어진 부위일수록 예민한 감각을 지니고 있다.

인간 형상이다. 손과 혀, 입술이 무척 크다. 뇌 난쟁이 지도에서처럼, 자극에 민감한 부위일수록 더 크게 만든 것이다. 특히 손이 가장 큰데, 그도 그럴 것이 뇌를 자극하는 신경의 30퍼센트가 손과 연결되어 있다.

환각 연구의 기초를 만들다

펜필드의 연구는 우리 뇌의 환각과 착각, 기시감(이미 보았다는 느낌. 데자뷰라고도 한다) 연구의 기초가 되었다. 예를 들어 '헛통증'이라고도 하는

환상통은 신체의 한 부위나 장기가 물리적으로 없는 상태임에도 있는 것처럼 느끼는 감각을 말한다. 사고로 팔이나 다리 등 신체의 일부를 절단한 환자들이 이러한 증상을 호소하는 경우가 많다. 이는 그 부위의 감각을 관장하는 뇌가 반응해서 나타나는 통증이다. 환자들은 그 부위가 아직 몸에 붙어 있다고 느끼거나, 압박감이나 가려움 등을 느낀다.

우리의 모든 움직임과 생각, 감각을 통제하는 뇌는 크기는 작지만 우리 존재 그 자체라고 할 수 있다. 펜필드의 뇌 지도는 인류가 이 신비로운 뇌를 이해하는 새로운 길을 열어 주었다.

한 걸음 더

SF소설에 영감을 준 신경계의 원리

《프랑켄슈타인》은 19세기 영국의 소설가 메리 셸리(Mary Shelley)가 19세에 쓴 소설이다. 소설 속에서 빅터 프랑켄슈타인 박사는 죽은 사람의 뼈와 신체 기관을 조합해 사람을 닮은 키 244센티미터의 모형을 만든다. 여기에 번개와 전기, 자기로 생명을 불어넣어 살아 움직이는 피조물을 만드는 데 성공한다.

뮤지컬로도 공연되고 있으며 수많은 SF 문학과 영화에 영감을 주기도 한《프랑켄슈타인》은 작가가 단순히 상상으로만 쓴 소설이 아니다. 셸리는 과학자들의 연구 결과에서 영감을 얻었다. 특히 18세기 이탈리아의 해부학자인 루이지 갈바니(Luigi Galvani)가 주장한 '동물전기 이론'의 영향을 받았다.

전기뱀장어, 전기가오리 등 전기를 일으키는 생명체들이 발견되면서 생명체 내에서 전류가 발생할 수 있음은 일찍이 알려져 있었다. 갈바니는 개구리의 뒷다리에 전기가 흐르는 금속를 대어 보다가 경련이 생기는 것을 관찰했다. 근육에 전류가 흐르면 근육이 수축함을 발견한 것이다. 그리고 개구리의 신경을 다른 개구리의 근육으로 건드렸더니 수축하는 현상도 관찰했다. 갈바니는 개구리의 몸에서 나오는 새로운 종류의 전기가 있다고 생각하고 이 전기에 '동물전기'라는 이름을 붙였다.

나중에 이탈리아의 물리학자 알레산드로 볼타(Alessandro Volta)가 개구리 근육을 움직인 전기는 개구리가 만든 것이 아니라 금속에서 이동한 것이라는 사실을 밝혀냈다. 하지만 죽은 개구리의 심장에 전류를 흐르게 하자 심장 근육이 수축되었다는 갈바니의 관찰 기록은 오늘날 전기 충격으로 심장을 다시 뛰게 하는 응급처치법의 원리로 이용되고 있다.

소설에서도 프랑켄슈타인은 전류를 이용해 모형에 생명을 불어넣는다. 한 과학자의 이론이 SF의 시초가 되는 작품이 탄생하도록 이끈 것이다.

영상의학과

15

엑스선을 발견하다

빌헬름 뢴트겐

빌헬름 뢴트겐

Wilhelm Röntgen

1845-1923

독일의 실험물리학자.
음극선을 연구하다가 검은 종이, 나무 조각 등의
불투명한 물체를 투과하는 방사선을 처음 발견했다.
이 방사선의 정체는 엑스선으로, 오늘날에도 의료 분야에서
활발하게 이용되고 있다.

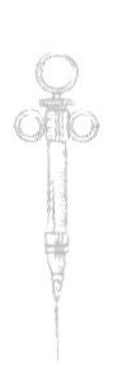

의대를 졸업하고 1년 동안 인턴(수련의)을 하고 나면 전공을 골라 레지던트(전공의) 수련을 받는다. 그중에서 특히 인기가 많은 과가 있다. 얼마 전까지는 피안성(피부과, 안과, 성형외과)에 지원자가 몰렸는데, 요즘에는 정영재(정신과, 영상의학과, 재활의학과)의 인기가 높아지고 있다고 한다.

그중에서 영상의학과는 방사선, 전자기장, 초음파 등을 이용해 신체 부위의 영상을 찍어 질병을 진단하고 치료하는 진료과다. 방사선종양학과는 방사선을 이용해 질병을 치료하는 과다. 방사선은 파장이 매우 짧고 높은 에너지를 갖고 있어 인체에 쬐면 DNA를 변형시켜 암세포를 죽인다. 이 두 과의 기반을 만든 사람이 바로 독일의 물리학자 빌헬름 뢴트겐이다.

암환자에게 쬐는 방사선의 양도 그의 이름에서 따온 '뢴트겐(roentgen, R)'이라는 단위를 사용한다. 1뢴트겐은 건조한 공기 1킬로그램 속에서 2.58×10^{-4}쿨롱의 전하가 만들어지는 양이다.

과학자들은 현대 물리학의 시작을 뢴트겐이 '엑스선'을 발견했다는 논문을 발표한 1895년으로 보고 있다. 엑스선은 전자기파에 속하는 방사선으로 눈에 보이지는 않는다. 엑스선의 발견은 의학뿐만 아니라 핵물리학, 양자역학 등 현대 물리학의 발전에 커다란 영향을 주었다.

신비한 빛의 정체를 찾아서

음극선관은 음극선을 발생시키는 유리 진공관이다. 음극선이란 음극선관 안에 있는 양극과 음극 사이에 높은 전압을 걸어 주었을 때 관측되는 전자들의 흐름이다. 전자들은 음극에서 방출되어 양극으로 향한다.

이 음극선관에서 관찰되는 한 가지 신비로운 현상이 있었다. 진공 상태의 유리관 안을 지나는 붉은빛의 음극선에서 형광색 빛이 생긴 것이다. 당시 과학계는 진공을 지나는 음극선이 무엇과 반응해 이런 빛이 나는 것인지 설명하지 못했다.

1894년 5월부터 뢴트겐은 음극선관 연구로 유명한 필리프 레나르트(Phillpp Lenard)의 실험 결과를 참조해 음극선을 관찰하는 실험을 준비했다. 음극선이 유리를 얼마큼 투과(광선이 물질을 통과하는 현상)하는지 측정하는 실험이었다. 음극선은 유리를 통과하지 못한다고 알려져 있었지만, 뢴트겐은 아주 적은 양의 음극선이 나올 수 있다는 가설을 세웠다. 선배 연구자인 레나르트가 음극선이 매우 얇은 금속(알루미늄)

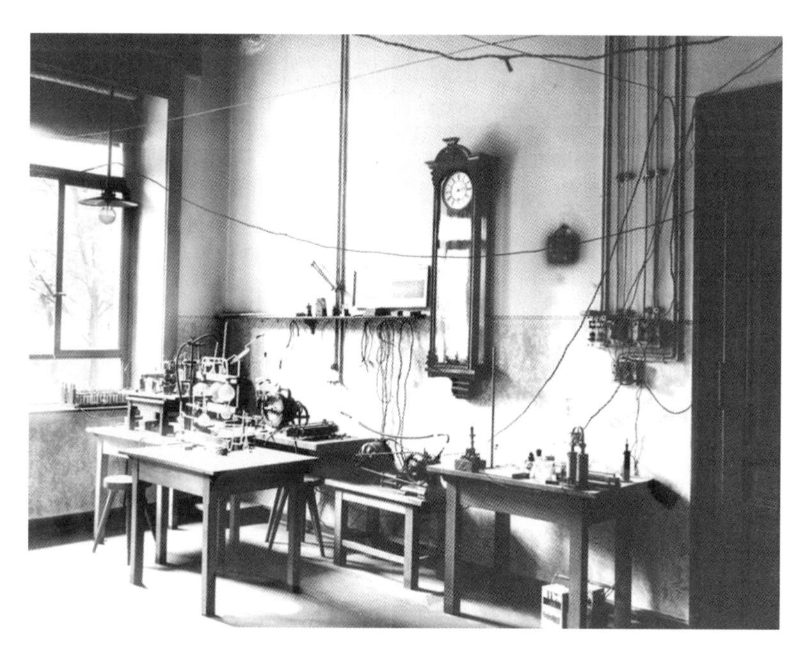

뢴트겐이 엑스선을 처음 발견한 실험실.
그는 검은색 마분지로 감싼 음극선관에서 신기한 빛을 관찰했다.

판을 투과하는 현상을 관찰한 적이 있었기 때문이다. 뢴트겐은 음극선이 금속을 투과할 수 있으니 유리관도 투과할 수 있다고 생각했다. 그는 형광색 빛이 음극선이 유리관을 투과하며 생기는 것이라고 여겼다.

음극선이 유리관을 투과한다는 가설은 사실 잘못된 것이었지만, 뢴트겐은 뒤이은 실험에서 우연히 새로운 발견을 해냈다. 1895년 11월 그는 음극선관에서 나오는 빛을 차단하는 실험을 했다. 유리관을 투과한 음극선은 세기가 매우 약할 것이라고 가정하고, 밝은 음극선관 빛을 차단하기 위해 검은색 마분지로 음극선관을 완전히 감쌌다. 실험실도 어둡게 만들었다. 음극선관에 고압의 전류를 흘리고 장치를 유심히 관찰했지만 음극선관에서는 빛이 전혀 나오지 않았다. 그런데 실험 장치를 살피던 중 언뜻 희미한 형광 빛을 본 것 같았다. 음극선관에 빛이 새는 부분이 남아 있을지 몰랐다. 검은색 마분지로 다시 꼼꼼히 막고 전류를 흘렸는데, 희미한 깜박임은 실험 장치에서 몇 미터 떨어진 맞은편 의자 쪽에서 나오고 있었다. 그 의자 옆 책상에는 음극선이 닿으면 형광 빛을 발하는 백금시안화바륨 용지가 있었다. 마분지로 감싼 유리관을 관통해 나온 음극선을 확인하려고 준비했던 것이었다. 공기 중에서 3센티미터밖에 갈 수 없는 음극선이 몇 미터 떨어진 곳까지 도달할 수는 없었다. 이 빛의 정체는 무엇이었을까?

몸속 뼈를 사진으로 찍다

뢴트겐은 백금시안화바륨 용지와 반응한 것은 음극선이 아닌 다른 종류의 빛이라고 직감했다. 납으로 만든 상자를 손으로 집어 들어 빛이 나오는 곳에 대었다. 빛을 차단해서 생긴 납 상자의 그림자 앞에 있는 백금시안화바륨 종이에는 희미하게 보이는 물체가 있었다. 그것은 손가락뼈 모양의 그림자였다.

1895년에는 사신관에서 사진을 찍는 것이 유행이었다. 뢴트겐은 사진 건판을 준비한 다음 아내를 실험실로 불렀다. 반지를 낀 아내의 손을 실험 장치 앞에 놓고 촬영하자 손뼈가 반지와 함께 고스란히 찍혔다. 이 사진은 보이지 않는 빛의 존재를 증명해 주는 객관적 증거가 되었다. 그는 이 빛의 이름을 '알 수 없다'는 의미의 '엑스(X)'를 써서 '엑스선'이라고 짓고, 실험 결과를 정리해 논문을 썼다. 아내의 손 사진이 실린 논문은 50일 만에 그의 대학 물리·의학 학회지에 투고되었다. 그는 이 발견으로 1901년 최초의 노벨 물리학상을 수상했다.

엑스선은 라듐과 함께 19세기 말의 2대 발견으로 불린다. 엑스선은 결정구조 연구를 비롯한 원자물리학의 발전에 중대한 기여를 했다. 물리학뿐만 아니라 공학, 의학 분야에서 실용적으로 응용되고 있다.

뢴트겐이 처음 발견한 당시에도 엑스선은 다양한 분야에서 응용될 수 있으리라는 기대로 뜨거운 주목을 받았다. 그래서 독일의 어느 부자가 뢴트겐을 찾아와 엑스선 특허를 자신에게 양도해 달라며 큰돈을 제안했다. 그러나 뢴트겐은 엑스선이 자신의 발명품도 아니며, 원래 존재하던 것을 발견한 것일 뿐이므로 "모든 인류가 공유해야 한다"라며 특허 신청을 하지 않았다.

뢴트겐은 평생 부유한 적이 없었다. 1919년에는 모든 일자리에서 은퇴했는데, 당시 전 세계에 닥친 경제대공황으로 생활고를 겪다가 1923년 뮌헨에서 78세에 세상을 떠났다.

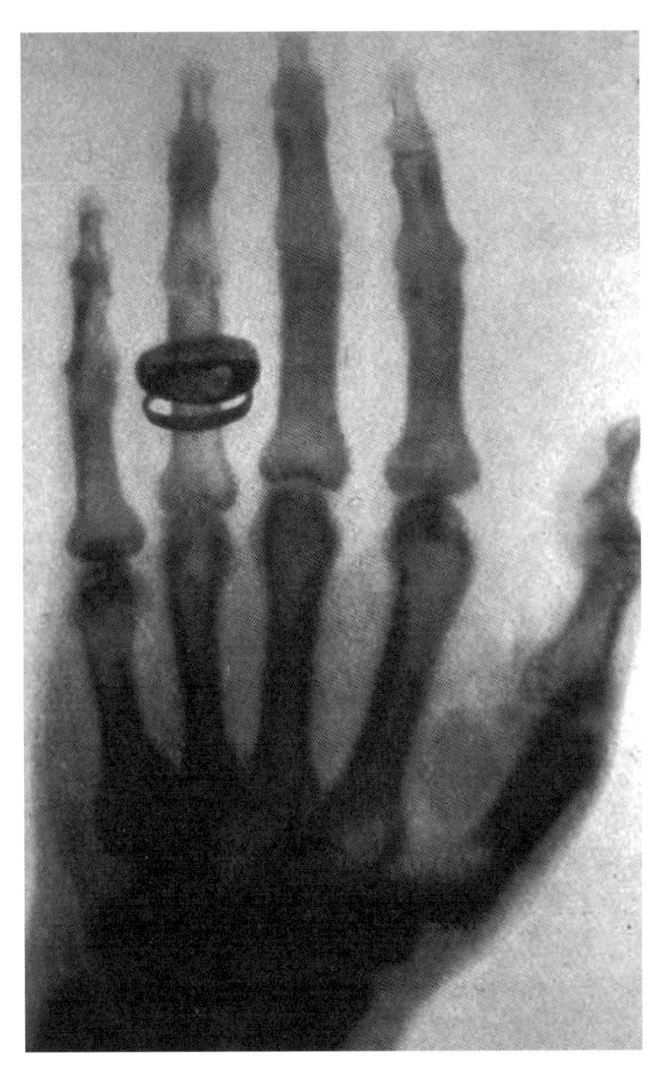

뢴트겐으로 엑스선으로 촬영한 아내의 손.
이 사진에는 반지와 손가락뼈가 고스란히 찍혀 있다.

엑스선의 활용

1895년 뢴트겐이 발견한 엑스선은 오늘날까지 여러 질병을 진단하고 치료하는 유용한 도구다. 병원에서는 엑스선으로 환자 몸의 조직이나 체액의 화학적인 변화를 파악한다. 엑스선은 인체를 구성하는 물이나 피부 조직은 잘 투과하고, 뼈와 같은 성분은 잘 투과하지 못한다. 물이나 피부를 투과한 엑스선은 필름에 감광되는 양이 많아서 검은색으로 나타나며, 뼈를 투과한 엑스선은 물이나 피부보다 양이 적으므로 흰색으로 나타난다. 이 원리를 이용해 몸속의 뼈를 관찰하는 검사가 바로 엑스레이다.

'컴퓨터단층촬영(Computed Tomography)'이라고 하는 CT는 3차원의 방사선 촬영이라고 할 수 있다. 방사선이나 초음파를 여러 각도에서 인체에 투영하고 이를 컴퓨터로 재구성해 인체 내부를 볼 수 있게 하는 것으로, 외상이나 종양을 관찰하고 진단하기 위해 이용한다. 일반 방사선 사진은 직접 필름에 감광시켜 얻으므로 인체가 2차원의 필름에 찍힌다. CT는 인체의 한 단면 주위를 돌면서 가느다란 방사선을 쪼이고, 이 방사선이 인체를 통과하면서 감소되는 양을 측정한다. 몸속 장기들의 밀도는 약간씩 차이가 나기 때문에 방사선이 쪼여진 방향에 따라 흡수하는 정도가 서로 다르다. 방사선이 투과된 정도를 컴퓨터로 분석해 내부 장기의 밀도를 진단하고, 이를 바탕으로 단면을 영상으로 재구성한다.

이제 의사가 환자에게 "어디가 불편해서 오셨어요?"라고 물으면 환자가 "머리가 아파서 CT를 찍어보려고 왔어요"라고 말하며 방사선 검사를 요구하는 경우도 많다. 다른 병원에서 이미 검사를 했는데도 영상을 찾으러 가기 귀찮으니 다시 찍어 달라고 요구하는 희한한 상황도 있다. 방사선이 범람하는 세상이라고 할까?

한 걸음 더

암을 치료하는 방사선

방사선 치료란 방사선을 이용해 환자를 치료하는 임상의학의 한 방법이다. 수술, 항암 치료와 더불어 암을 치료하는 세 가지 방법 중 하나다.

방사선이 암을 치료하는 원리는 무엇일까? 방사선을 인체에 쬐면 DNA를 더 이상 합성할 수 없게 해서 암세포를 죽인다. 인접한 정상 세포도 영향을 받을 수 있지만, 방사선에 노출된 암세포가 손상되는 것과는 달리 정상 세포에서는 손상이 빠르게 회복되어 영향을 최소화할 수 있다. 방사선은 통증이나 열감이 전혀 없다는 것도 장점이다.

영상의학과와 방사선종양학과 모두 방사선이나 초음파를 이용해 질병을 진단하고 치료하는 일을 한다. 영상의학과는 질병을 진단하는 일을 주로 하는 편이며, 치료를 시행할 때는 대개 에너지가 약한 방사선과 초음파를 이용하는 편이다. 방사선종양학과는 그보다 강한 에너지의 방사선을 사용해 치료를 시행한다는 점에서 차이가 있다.

부록 1

참고 자료

1 최초로 심장이식에 성공하다_크리스티안 바너드

Adler RE. Medical Firsts: From Hippocrates to the Human Genome. New Jersey: John Wiley and Sons, Inc. 2004.

Pence GE. Classic Cases in Medical Ethics: Accounts of Cases That Have Shaped Medical Ethics, with Philosophical, Legal, and Historical Backgrounds. 4thEd.NewYork:McGrawHill.2003.

Schumaker Jr HB. The Evolution of Cardiac Surgery. Indiana: Indiana Univ Press. 1992.

Straus EW, Stratus A. Medical Marvels: The 100 Greatest Advances in Medicine. New York: Prometheus Books. 2006.

2 전쟁터에서 성형수술의 기초를 만들다_길리스와 매킨도

Backstein R, Hinek A. War and Medicine: The Origins of Plastic Surgery. Univ Toronto Med J. 2005;82:217-219.

Banister JB, McIndoe AH. Congenital Absence of the Vagina, treated by Means of an Indwelling Skin-Graft. Proc R Soc Med. 1938;31:1055-1056.

Chambers JA, Ray PD. Achieving growth and excellence in medicine: the case history of armed conflict and modern reconstructive surgery. Ann Plast Surg. 2009;63:473-478.

Gillies HD, Fry WK. A new principle in the surgical treatment of "congenital cleft palate" and its mechanical counterpart. Br Med J. 1921;1:335-8.

Gillies HD. The design of direct pedicle flaps. Br Med J. 1932;2:1008.

Gillies H, McIndoe AH. The late surgical complications of fracture of the mandible. Br Med J. 1933;2:1060-1063.

Gillies HD, McIndoe AH. The role of plastic surgery in burns due to Roentgen rays and radium. Ann Surg. 1935;101:979-996.

Hollingham R. Blood and Guts: A History of Surgery. New York: Thomas Dunne Books. 2009.

Hwang K. Portraits of two innovative plastic surgeons in the National Portrait Gallery. Plast Aesthet Res. 2017;4:15-17.

Hwang K. Trench coats, Cushing, and Gillies. Arch Craniofac Surg. 2018;19:83-84.

McDowell F. The Source Book of Plastic Surgery. Baltimore: Williams & Wilkins. 1977.

McIndoe AH. Operation for the cure of adult hypospadias. Br Med J. 1937;1:385-404.

McIndoe AH. Surgical and Dental Treatment of Fractures of the Upper and Lower Jaws in War Time A Review of 119 cases: (Section of Odontology). Proc R Soc Med. 1941;34:267-288.

McIndoe AH. The burned hand. Mod Treat Yearb. 1945:221-231.

McIndoe AH. Surgical responsibility in relation to injury. J R Inst Public Health. 1946;9:335-342.

McIndoe AH, Forbes R, Windeyer BW. Symposium: radiation

necrosis. Br J Radiol. 1947;20:269-278.

McIndoe AH. Total reconstruction of the burned face. The Bradshaw Lecture 1958. Br J Plast Surg. 1983;36:410-420.

Reginald P. Gillies: Surgeon Extraordinary. London: Michael Joseph. 1964.

Strathern P. A Brief History of Medicine from Hipocrates to Gene Therapy. London: Constable & Robinson Ltd. 2005.

Thorwald J. Das weltreich Der Chirurgen. München: Dt. Bücherbund. 1957.

3 장기이식의 첫걸음을 떼다_알렉시 카렐

Carrel A. Guthrie CC. Successful transplantations of both kidneys from dog into a bitch with removal of both normal kidneys from the latter. Science. 1906;23:394-395.

Gordon L. Advances in Microsurgery. Surg Technol Int. 1991;I:425-427.

Hollingham R. Blood and Guts: A History of Surgery. New York: Thomas Dunne Books. 2009.

Simmons JG. Doctors and Discoveries: Lives That Created Today's Medicine: From Hippocrates to the Present. Boston: Houghton Mifflin Harcourt. 2002.

이성규. "불멸 세포를 만든 우생학 맹신자". 사이언스타임즈, 2019.3.23.

4 소아마비 백신을 최초로 개발하다_조너스 소크

Bendiner J, Bendiner E. Biographical Dictionary of Medicine. New York: Facts on File. 1990.

Chevallier-Jussiau N. Henry Toussaint and Louis Pasteur. Rivalry over a vaccine. Hist Sci Med. 2010;44:55-64.

Debré P. Louis Pasteur (translanted by Elborg Forster). Baltimore: Johns Hopkins University Press. 1998.

Enders JF, Weller TH, Robbins FC. Cultivation of the Lansing Strain of Poliomyelitis Virus in Cultures of Various Human Embryonic Tissues. Science. 1949;109:85-87.

Hellman H. Great Feuds in Medicine. Hoboken: John Wiley and Sons Ltd. 2001.

Strathern P. A Brief History of Medicine from Hipocrates to Gene Therapy. London: Constable & Robinson Ltd. 2005.

Williams E. The forgotten giants behind Louis Pasteur: contributions by the veterinarians Toussaint and Galtier. Vet Herit. 2010;33:33-39.

경제정보센터(https://eiec.kdi.re.kr)

5 손 씻기의 중요성을 처음 발견하다_이그나즈 제멜바이스

Fenster JM. Mavericks, Miracles, and Medicine: The Pioneers Who Risked Their Lives to Bring Medicine into the Modern Age. New York: Carroll & Graf Publishers. 2003.

Hollingham R. Blood and Guts: A History of Surgery. New York: Thomas Dunne Books. 2009.

Nuland SB. Doctors: The Biography of Medicine. New York: Knopf. 1988.

Sigerist HE. The Great Doctors: A Biographical History of Medicine. New York: Dover Publication. 1971.

Wootton D. Bad Medicine: Doctors Doing Harm Since Hippocrates.

Oxford University Press. 2007.

루이-페르디낭 셀린(Louis-Ferdinand Céline). 제멜바이스 /Y 교수와의 인터뷰. 김예령 옮김. 워크룸프레스. 2015.

박지욱. "손씻기의 화신 산부인과 의사". 청년의사. 2013.9.13.

영국공영방송(https://www.bbc.com)

유네스코와 유산(https://heritage.unesco.or.kr)

6 인류 최초의 구급차를 만들다_도미니크장 라레

Bishop WJ. The Early History of Surgery. New York: Barnes & Noble. 1995.

d'Allaines C. Histoire De La Chirugie. Paris: Presses Universitaires de France. 1984.

Dible JH. Napoleon's Surgeon. London: William Heinemann Medical Books Ltd. 1970.

Richardson RG. Larrey: Surgeon to Napoleon's Imperial Guard. London: John Murray. 1974.

Rüster D. Der Chirurg: Ein Beruf zwischen Ruhm und Vergessen. Leipzig: Edition Leipzig. 1993.

김응수. "앰뷸런스는 나에게 맡겨라 - 장 라레". 의사신문. 2012.1.9.

7 혈액형을 처음으로 발견하다_카를 란트슈타이너

Bishop WJ. The Early History of Surgery. New York: Barnes & Noble. 1995.

Hayes BB. Five Quarters: A Personal and Natural History of Blood. New York: Random House. 2006.

Landsteiner K, Alexander SW. An Agglutinable Factor in Human Blood Recognized by Immune Sera for Rhesus Blood. Proc Soc Exp Biol Med. 1940;43:223.

Starr D. Blood: An Epic History of Medicine and Commerce. New York: Knopf. 1998.

Wise MW, Oleary JP. The origins of Blood Transfusion: Early History. Am Surg. 2002;68:98-100.

8 당뇨병 치료의 열쇠를 만들다_프레더릭 밴팅

Crispell KR, Gomez C. What if? A chronicle of F. D. Roosevelt's failing health. J Med Biogr. 1993;1:95-101.

Gordon R. The Alarming History of Famous and Difficult Patients. New York: St. Martin's Press. 1997.

9 수술실의 필수품, 보비를 만들다_윌리엄 보비

Al-Zahrawi A. Albucasis on Surgery and Instruments. Berkeley, California: University of California Press. 1973.

Ballance CA, Edmunds W. The Ligation of the Larger Arteries in their Continuity: An Experimental Inquiry. Med Chir Trans. 1886;69:443-472.

Carter PL. The life and legacy of William T. Bovie. Am J Surg. 2013;205:488-491.

Hwang K. Tracing the Use of Cautery in the Modern Surgery. J Craniofac Surg. 2018;29:12-13.

Marcy HO. The Suture: Its Place in Surgery. JAMA. 1909;LII:201-209.

Voorhees JR, Cohen-Gadol AA, Laws ER, Spencer DD. Battling

blood loss in neurosurgery: Harvey Cushing's embrace of electrosurgery. J Neurosurg. 2005;102:745-752.

10 위내시경을 개발하다_우지 다쓰로

Olympus. In the beginning was the gastrocamera. Available at: https://www.olympus-europa.com/company/en/news/stories/2019-08-19t13-00-37/in-the-beginning-was-the-gastrocamera.html. Assessed on Mar 5, 2021.

에듀넷(https://edunet.net)

11 '나병'의 원인을 발견하다_게르하르 한센

한순미. 분홍빛 목소리 – 한센인의 기록에서 혼종성이 제기하는 질문들. 한국민족문화. 2017;62:3-44.

12 최초로 전신마취에 성공하다_윌리엄 모턴

Atkinson RS, Boulton TB. The History of Anestheia. London: Royal Society of Medicine Press Ltd. 1988.

Fenster JM. Ether Day: The Strange Tale of America's Greatest Medical Discovery and the Haunted Men Who Made It. New York: Harper Perennial. 2002.

Friedman M, Friedland GW. Medicine's 10 Greatest Discoveries. London: Yale Univ Press. 1998.

Gordon R. The Alarming History of Famous and Difficult Patients. New York: St. Martin's Press. 1997.

Hollingham R. Blood and Guts: A History of Surgery. New York:

Thomas Dunne Books. 2009.

Keys TE. The History of Surgical Anesthesia. New York: Schuman's. 1945.

Long CW. An Account of the first use of sulfuric ether by inhalation as an anesthesia in surgical operations. South Med Surg J. 1849;5:705-713.

Nuland SB. Doctors: The Biography of Medicine. New York: Knopf. 1988.

Wolfe RJ. Rovert C. Hinckley and the Recreation of the First Operation Under Ether. Massachusetts: The Boston Medical Library in the Francis A. Countway Library of Medicine. 1993.

13 세계 최초의 백신을 개발하기까지_헌터와 제너

Friedman, Meyer and Gerald W. Friedland. Medicine's 10 greatest Discoveries, Yale Univ Press (1998).

Potter R. The Greatest Benefit to Mankind: A Medical History of Humanity. London: Harper Collins. 1998.

Strathern P. A Brief History of Medicine from Hipocrates to Gene Therapy. London: Constable & Robinson Ltd. 2005.

14 뇌의 지도를 그리다_와일더 펜필드

김경민. 와일더 펜필드의 뇌전증 연구와 통합적 뇌과학: 두뇌 국소화를 넘어 상위기능 연구로(Wilder Penfield's Research on epilepsy and the revision of mind-body dualism: From brain localization to higher function). 석사학위논문. 서울대학교. 2019.

서금영. "개구리 뒷다리에서 건전지 나왔다". 한겨레. 2010.9.6.

15 엑스선을 발견하다_빌헬름 뢴트겐

Fenster JM. Mavericks, Miracles, and Medicine: The Pioneers Who Risked Their Lives to Bring Medicine into the Modern Age. New York: Carroll & Graf Publishers. 2003.

Friedman M, Friedland GW. Medicine's 10 Greatest Discoveries. London: Yale Univ Press. 1998.

Norton T. Smoking Ears and Screaming Teeth: A Celebration of Self-Experimenters. Cambridge: Pegasus. 2011.

Sansare K, Khanna V, Karjodkar F. Early victims of X-rays: a tribute and current perception. Dentomaxillofac Radiol. 2011;40:123-125.

Simmons JG. Doctors and Discoveries: Lives That Created Today's Medicine: From Hippocrates to the Present. Boston: Houghton Mifflin Harcourt. 2002.

부록 2

사진 출처

- **16, 21쪽** Benito Prieto Coussent / wikimedia.org
- **24쪽** Boris15 / Shutterstock.com
- **30(왼쪽), 118, 139, 177쪽** Wellcome Library, London. Wellcome Images / wikimedia.org
- **30(오른쪽), 37쪽** Philip Bird LRPS CPAGB / Shutterstock.com
- **49쪽** Hospices civils de Lyon / wikimedia.org
- **77쪽** Globetrotter19 / wikimedia.org
- **94쪽** VladiMens/ wikimedia.org
- **115쪽** Thomas Fisher Rare Book Library / wikimedia.org
- **170쪽(왼쪽)** National Portrait Gallery / wikimedia.org
- **172쪽** Jaroslav Moravcik / Shutterstock.com
- **174쪽** National Portrait Gallery / wikimedia.org
- **188쪽** Mpj29 / wikimedia.org

세계사를 바꾼 17명의 의사들
장기이식부터 백신 개발까지 세상을 구한 놀라운 이야기

초판 1쇄 발행 2021년 3월 25일
초판 3쇄 발행 2022년 9월 15일

지은이 황건

펴낸이 김한청
기획편집 원경은 김지연 차언조 양희우 유자영 김병수 장주희
마케팅 최지애 현승원
디자인 이성아 박다애
경영전략 최원준 설채린

펴낸곳 도서출판 다른
출판등록 2004년 9월 2일 제2013-000194호
주소 서울시 마포구 양화로 64 서교제일빌딩 902호
전화 02-3143-6478 **팩스** 02-3143-6479 **이메일** khc15968@hanmail.net
블로그 blog.naver.com/darun_pub **인스타그램** @darunpublishers

ISBN 979-11-5633-333-3 43400